하루 한 편, 감사 글쓰기

욱하는 엄마의
감정 수업

하루 한 편, 감사 글쓰기

욱하는 엄마의
감정 수업

한성범 지음

포르체

Chapter 1

욱하는 부모, 작아지는 아이

Chapter 2

욱하는 부모의 감정을 다스리는 법

욱하는 부모의
감정 수업

《아이를 위한 감정의 온도》에 대한 서평의 공통적인 내용은 '욱하고 후회하고'였습니다. 하루에 몇 번씩 '욱하고 후회하고 눈물짓고'의 반복이라고 합니다. 《아이를 위한 감정의 온도》가 독자들에게 많은 공감을 일으킨 이유는, 엄마들의 '욱'을 피하고 싶은 간절한 소망이 담겨 있기 때문이라고 생각합니다.

물론 《아이를 위한 감정의 온도》에서 제시한 방법들을 '잘' 실천한다면 욱은 몰라보게 줄어듭니다. 하지만 여기서 놓친 것이 하나 있는데, 제시한 방법들을 익혀 습관으로 만들어야 한다는 것입니다. 이것은 마치 자전거 타는 것과 비슷합니다. 머릿속으로 자전거 타는 방법을 이해했다고 해서, 바로 자전거를 탈 수는 없습니다. 수없이 넘어지고 일어서는 연습을 해야 합니다.

학부모 연수나 육아 서적도 마찬가지입니다. 강의를 듣거나 책을 읽는 순간에는 이해가 술술 되어 더 이상 아이에게 욱하지 않을 것 같습니다. 그러나 거실에서 신나게 게임을 하는 아이를 보는 순간, 어디선가 '욱'이 나타납니다. 소리를 꽥 지르자 아이는 문을 쾅 닫고 들어가 버립니다. 후회가 밀려들기 시작하고, 부족한 엄마라는 생각에 아이에게 미안함만 가득합니다.

이 현상은 모든 학부모의 공통점입니다. 나의 '욱'은 아이의 '욱'을 부릅니다. 이런 엄마들의 고민을 해결해 보고 싶었습니다. 주위에 바르게 성장한 대학생을 찾아보았습니다. 그들은 공부도 잘하고 바른 품성까지 겸비하고 있었습니다. 그들의 부모님을 향해 아이에게 자주 욱하셨냐는 질문을 던졌습니다. 어떤 대답을 하셨을까요? 놀랍게도 조금 서운한 적은 있지만 욱해 본 기억은 별로 없답니다.

욱해 본 적이 없다는 사실에 놀라 면담을 진행하자, 이분들에게서 공통점을 발견할 수 있었습니다. '봉사'와 '감사'였습니다. 이웃을 위해 봉사하며 작은 것 하나라도 주위 사람들과 나누는 분들이었습니다. 이분들은 감사하며 살아야 한다는 분명한 원칙도 가지고 있었습니다. 감사를 의식적으로 자꾸 생각하다 보니 습관이 되었다고 하셨습니다.

바로 이분들의 '감사'에 주목하여 감정, 감사에 관한 도서와 논

문들을 읽기 시작했습니다. 감사나눔운동 관계자와 면담도 하고 감사 일기를 쓰는 우울증 환자도 만나 보았습니다. 그 결과, 감사의 양이 일정한 임계점을 넘으면 누구나 욱이 줄어든다는 사실을 발견했습니다.

'감정 디자이너'라는 이름의 SNS를 만들고 가족, 선생님, 학부모, 아이들과 감사를 나누기 시작했습니다. 21일 동안 3개에서 5개의 감사 거리를 찾아 적었습니다. 저는 그것을 '감사 글쓰기'라 불렀습니다. 감사 글쓰기의 효과는 상상했던 것보다 놀라왔습니다. 한 아이는 "교장 선생님, 제가 더 좋은 사람이 되는 것 같아요"라 말했고, 어떤 학부모는 "우리 가정이 천국이 되었어요"라고 말했습니다. 사실 감사 글쓰기로 가장 크게 덕을 본 사람은 저 자신입니다. 저는 '감사'로 인해 강 상류의 거친 돌에서 하류의 조약돌로 변화했습니다.

이 책은 《욱하는 엄마의 감정 수업》입니다. 감정 수업의 핵심은 감사의 파이를 키우며, 감사를 고민하고 기록하는 일입니다. 감사가 늘어난 만큼 부정적 감정도 줄어듭니다. '슬픔, 불안, 두려움' 등이 마음에서 사라져 갑니다. 대신 그 자리에는 '기쁨, 만족, 평안'이 자리를 잡습니다. 긍정적 감정이 늘어나면서 삶의 변화가 찾아옵니다.

가장 먼저 아이의 자존감이 올라갑니다. 감사하다 보면 숨겨진 자신의 장점을 발견할 수 있습니다. 무슨 일이든 할 수 있다는 자신감이 생기고, 스스로 괜찮은 아이라고 여기게 됩니다. 어느새 아이 손에는 책이 들려 있고 배움에 대한 열정이 생깁니다.

나에게는 '감정 이동'이 나타납니다. 아이가 태어났을 때, 아이를 바라보던 시기의 감정으로 돌아갑니다. 아이의 존재만으로 감사했던 그때의 감정이 되살아납니다. 그동안 엄마라는 이유로 아이에게 엄마의 욕심이라는 많은 짐을 주었습니다. 이제 아이를 바라보면 욕심이 머물렀던 자리에 감사가 미소를 짓고 있습니다.

부록으로 제시된 '감사 글쓰기 연습장'을 따라 하면 감정의 변화를 체험할 수 있을 것입니다. 감사 글쓰기 방법을 익혀 '우리 가족 감사 여행'을 실천하면 우리 가족에게 웃는 날이 늘어납니다. 서로 격려하기 시작하며 우리 집이 천국으로 변합니다.

'조각 글쓰기'라는 새로운 경험을 해 볼 수도 있습니다. 조각 글쓰기를 실천하면 자연스레 글쓰기에 대한 훈련이 진행됩니다. 나의 글쓰기 능력이 달라지고 아이, 남편도 마찬가지입니다. 감사에 대한 조각 글이 글쓰기의 보약임을 알게 됩니다. 이제 '감정 수업'을 시작해 보겠습니다. 부정적 감정을 긍정적 감정으로 변화시켜 우리 가족의 행복을 만들어 봅시다.

Chapter 1

욱하는 부모,
작아지는
아이

엄마와의 관계가
학교생활을 결정한다

'수리수리 마수리 엄마야 착해져라, 얍' 무슨 뚱딴지같은 이야기일까요? 이 문장은 초등학교 1학년 아이의 글입니다. 이 아이는 《엄마를 바꿔 주세요》라는 책을 읽었습니다. 그 책을 읽으면서 가장 마음에 와닿았던 문장이라고 합니다. 처음에는 피식 웃음이 나왔지만, 혹시 우리 아이들의 속마음이 아닐까 이내 마음이 무거워졌습니다.

　우리 학교에서는 '감동 한 줄 전시회'가 열립니다. 감동 한 줄 전시회란 책에서 감동적인 문장을 찾아 친구들에게 발표하는 행사입니다. 내용은 대강 이렇습니다. 감동 한 줄을 B4용지에 표현하면 친구들이 '좋아요' 스티커를 붙입니다. 그 개수가 많은 친구의 작품은 현수막 등으로 제작되어 정문, 후문 등에 전시하게 됩니다.

이번 달에 '좋아요'를 많이 받은 문장은 무엇일까요?

감동 한 줄	책 이름	받은 스티커
나는 엄마를 사랑해요 그리고 엄마도 나를 사랑한답니다	우리 엄마	68
수리수리 마수리 엄마야 착해져라, 얍	엄마를 바꿔주세요	48
이대로 오래오래 같이 있으면 참 좋겠다	아낌없이 주는 나무	35
함께 만들고 나누는 것이 이렇게 즐거운 일이라니	욕심쟁이 딸기 아저씨	8

감동 한 줄은 '독후 활동을 즐겁게 할 수 없을까?'라는 고민에서 시작했습니다. 아이들은 책을 좋아하지만 독후 활동은 재미없어합니다. 아이들에게 독후 활동을 강제로 시키면 책 읽는 흥미까지 잃어버립니다. 선생님들의 지혜를 모았습니다. 그러던 중 선생님 한 분이 '감동 한 줄'이라는 아이디어를 생각해 냈습니다.

아이들은 울림을 줄 수 있는 '감동 한 줄'을 찾기 위해 노력했습니다. 감동 한 줄은 아이들의 마음도 보여 주었습니다. 감동 한 줄을 읽어 보면 그들의 마음이 고스란히 드러납니다. '나는 엄마를 사랑해요. 엄마도 나를 사랑한답니다'라는 문장에 68명이 좋아요 스티커를 붙였습니다. 아이들은 엄마를 이 세상에서 가장 사랑합니다. 그런데 '엄마'라는 존재가 부담으로 다가오기도 합니다. '수리수리 마수리 엄마야 착해져라, 얍'이라는 문장에 48명의 아이가 '좋아요' 스티커를 붙였습니다. 여기에는 엄마와 사이가 좋아졌으면 하는 아이들의 바람이 담겨 있습니다. 엄마의 욕심이 커서 힘들다고 말하고 있습니다. 조금만 더 나를 기다려 달라는 소망을 담고 있습니다.

새 학년이 되면 선생님들이 아이들의 1년 날씨를 알아내는 몇 가지 방법이 있습니다. 그중 한 가지가 엄마와 아이의 관계를 살펴보는 일입니다. '엄마와의 사이가 매우 좋음' 5점, '엄마와의 사이가 좋음' 4점 등의 질문지를 만듭니다. 엄마와의 사이가 매우 좋음에 표시한 아이들의 1년 날씨는 어떠할까요?

어느 아이는 '행복'이라는 낱말이 이마에서 반짝거립니다. 미소가 아이 곁을 떠나지 않습니다. 주변 친구들과 사이가 좋으며, 간혹 다툼이 있어도 먼저 사과합니다. 집이나 학교에서 할 일을 잘하며, 꿈도 명확한 아이입니다. 배움이 잘 일어나는 아이, 바르게 성장하고 있는 아이지요. 이 아이를 바라보는 선생님 눈에도 사랑이 가득합니다.

반면 엄마와의 사이가 나쁘다고 말하는 아이가 있습니다. 이 아이의 얼굴은 먹구름을 닮았습니다. 친구와의 관계에서 불평, 불만이 앞장서 다툼이 일어나고 무기력합니다. 학교에서 일어나는 나쁜 사건의 주인공이 될 확률이 매우 높습니다. 이 아이를 바라보는 선생님의 눈에는 '힘들어요'라는 글씨가 적혀 있습니다.

어느 날 5학년 교실에 들어갔습니다. 엄마의 장점에 대해서 글을 쓰고 발표를 했습니다. 한 아이가 "엄마가 없어졌으면 좋겠어요"라고 울먹였습니다. 이 아이의 발표를 듣고 다른 아이들도 거듭니다. "우리 엄마는 너무해요", "정말 집에 가기 싫어요". 학교에서 오랜 기간 근무했던 저도, 엄마와 불편한 관계에 있는 아이들이 이렇게 많은지 몰랐습니다. 물론 엄마와 아이 관계가 배움 성장의 모든 것을 결정하지는 않습니다. 성장은 재능과 엄마를 포함한 친구, 학교, 사회라는 환경의 상호작용입니다. 다만 엄마와의 관계가 나빠져 가는 아이들이 늘고 있습니다. 학년이 올라갈수록 그 수가 많아집니다. 그 아이들에게서 나타나는 공통점은 배움 회피와 학교 부적응입니다.

사춘기가 시작된 걸까?

우리 아이가 엄마에게 착해지라 이야기합니다. 도무지 아이의 마음을 이해할 수 없습니다. '수리수리 마수리 엄마야 착해져라, 얍'이라는 문장이 아이들에게 감동을 주었다고 합니다. 집에만 가면 불편한 감정을 느낀답니다. 내가 얼마나 사랑하는데. 아이는 엄마의 마음을 몰라도 너무 모릅니다. 벌써 사춘기가 시작되었나 봅니다. 사실 그럴 수도 있습니다. 1학년 아이의 감동 한 줄 평가자는 3, 4학년이었습니다. 같은 학년끼리 평가를 하게 되면, 아무래도 친한 친구에게 표를 던지게 되기 때문입니다. 따지고 보면 '수리수리 마수리 엄마야 착해져라, 얍'이라고 외치는 아이들은 1, 2학년이 아니라 3, 4학년인 셈입니다. 언젠가 초등학교 3학년부터 사춘기가 시작된다는 이야기를 들었습니다. 육아서에서도 읽었고, 강의에서도 들었습니다.

초등학교 3학년이 되면 사춘기가 시작될까요? 사춘기를 설명하면서 가장 많이 등장하는 용어가 '뇌의 발달'입니다. 사람이 태어나면 2번의 뇌 리모델링 시기가 있다고 합니다. 그 첫 번째 시기는 생후 24개월 전후, 두 번째 시기는 12살 전후라고 이야기합니다. 그때가 되면 뇌는 대대적인 공사를 하며, 특히 12살 전후의 뇌에서는 감정을 담당하는 변연계가 급속히 발달한다는 것입니다. 여기서 변연계는 귀의 바로 위쪽 부분에 해당합니다. 귀의 위쪽 부분을 측두엽이라 부르고, 변연계는 그곳의 안쪽 부분입니다. 그곳에는 해마, 편도체, 시상하부 등 감정과 기억을 담당하는 뇌의 기관들이 있습니다. 변연계의 위쪽 부분이 전두엽입니다. 뇌의 사령탑이라고 불리는 곳이 눈썹 바로 윗부분에 있는 전전두엽입니다. 사춘기적 행동은 감정을 담당하는 변연계의 빠른 발달에 비해 이성을 담당하는 전전두엽의 늦은 발달로 설명을 합니다. 뇌의 총사령관 전전두엽이 변연계를 잘 다스리지 못해서 일어난 결과라는 것입니다. 전전두엽은 초등학교 3학년 아이, 변연계를 6학년이라고 생각해 볼까요? 운동장에서 6학년 아이들의 다툼이 일어나고 있습니다. 이를 발견한 3학년 아이가 "싸우지 마"라고 이야기한다면 6학년들이 말을 들을까요?

초등학교 3학년 아이들의 사춘기적 행동을 뇌의 발달 개념으로 설명하면 쉽게 이해가 됩니다. 그림 1을 보면 A라는 세포는 B, C, D와 연결되어 있습니다. 그림 2를 보면 B라는 세포와는 연결이 유지되고, C라는 세포와는 연결이 강화되며, D라는 세포와는 연결이 끊어졌습니다. 뇌의 발달은 구조는 변하지 않지만, 세포 간 연결 모양이 바뀌는 것입니다. 쉽게 말해, 뇌의 발달은 세포 간 연결의 강화 또는 약화라고 설명할 수 있습니다.

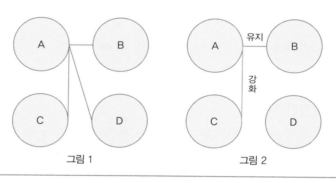

뇌 세포 연결 구조

이것은 숲속의 길과 비슷합니다. 사람들이 많이 다니면 오솔길이 되지만, 왕래가 적으면 풀과 나무가 자라서 길이 보이지 않게 됩니다. 우리의 뇌도 마찬가지입니다. 매일 보고 듣는 정보는 머릿속에서 유지되고 강화되지만 그렇지 못한 정보는 약화됩니다. 싸우는 것을 자주 보고 들으면 아이는 싸움꾼이 되고, 화목한 가정에서 자라면 사랑꾼이 됩니다.

초등학교 3학년 아이들의 사춘기를 어떻게 설명해야 할까요? 어떤 정보가 강화되고 약화되었을까요? 혹시 엄마에 대한 불평이라는 정보는 강화되고, 사랑이라는 정보는 약화되지 않았을까요? 선생님에 대한 불만이라는 정보는 강화되고, 감사라는 정보는 약화되지 않았을까요? 초등학교 3학년 아이의 사춘기적 행동은 불평, 불만이라는 정보가 강화된 현상입니다. 유치원, 초등학교 1, 2학년을 거치면서 긍정적 감정이 줄어들고, 부정적 감정이 늘어났습니다. 부정적 감정이 커지다 보면 이상 행동을 보이는 시점이 있습니다. 방문 잠그기, 고함치기 등 여러 가지 부적응 행동을 보이기도 합니다. 초등학교 3학년 정도 시기에 나타나며, 흔히 '사춘기'라고 합니다.

부부 관계를 생각해 보면 이 정의가 옳음을 금방 알 수 있습니다. 결혼 후 처음에는 상대방의 좋은 점만 눈에 들어옵니다. 당연히 싸울 일도 별로 없습니다. 하지만 시간이 흐르면서 배우자에 대한 불평, 불만이 늘어나고 잔소리가 심해집니다. 이것이 바로 배우자에 대한 사춘기적 행동입니다.

잔소리가 아이에게
미치는 영향

초등학교 아이들이 보여 주는 이상 행동이 불평, 불만이 쌓인 것이라는 사실을 수긍하기 힘들 수 있습니다. 하지만 주변을 살피면 사춘기 없이 성장하는 아이들도 있습니다. 제 친구의 아이들이 그랬습니다. 제 친구는 1남 1녀를 키웠습니다. 그 아이들은 사춘기 없이 초·중·고, 대학교를 마치고 지금은 훌륭한 사회인으로 성장했습니다. 그 친구를 부러워하는 것은 아이들이 공부를 잘해서가 아닙니다. 공부도 공부지만, 품성이 더 훌륭합니다.

친구 아이들의 이야기를 조금 해 볼까요? 그 아이들은 대학 시절, 유럽으로 배낭여행을 떠났습니다. 사실 남매끼리 배낭여행을 다녀왔다는 이야기를 처음 들어 신기했습니다. 그만큼 남매 사이가 좋다는 증거겠지요. 남매는 프랑스 에펠탑 근처에서 호수로 떨어지는 노을을 보면서 부모님께 전화를 드렸습니다. 어린 시절 엄마, 아빠와 보던 그 노을과 똑같다고. 아이들의 따뜻한 감성을 알수 있는 사례입니다.

어느 날 저녁 친구 부부와 저녁을 먹게 되었습니다. "아이들 사춘기는 어떻게 하셨어요?" 친구의 아내에게 질문을 던졌습니다. "글쎄요. 딱히 사춘기라고 할 만한 일이 별로 없어서요." 친구 부부는 아이들에게 마냥 고맙다고 했습니다. 사춘기는 누구나 겪는다고 하는데, 우리 아이들의 사춘기적인 행동은 기억나지 않는다고 말입니다.

이 아이들은 도대체 어떻게 된 일일까요? 이 문제를 좀 더 파고들기 시작했습니다. 우선, 제가 근무하는 학교의 선생님들을 조사해 보기로 했습니다. 우리 학교에는 대학을 갓 졸업한 젊은 선생님들이 많습니다. 그분들에게 다음과 같은 질문을 던졌습니다. "선생님은 초·중·고 시절 사춘기적 행동을 하였습니까?" 결과는 어땠을까요? 사춘기를 겪지 않았다고 대답한 선생님도 많으셨습니다. 이제 사춘기에 대한 이해가 좀 더 명확해질 것입니다. 앞서 말했듯 초등학교 3학년이 보여 주는 사춘기적 행동의 원인은 아이들의 뇌에서 불평, 불만이라는 정보가 강화된 현상입니다. 다르게 이야기하면 불평과 불만이 쌓여서 부정적 감정이 폭발한 것입니다. 저는 그것을 '감정 임계점'이라고 부르고 있습니다. 마치 물이 99℃에는 가만히 있다가 100℃가 되면 수증기가 되는 이치와 같습니다.

아이들이 누구에게 어떤 불평, 불만을 느낄까요? 5학년 아이들과 이야기를 나누어 보았습니다. 아이들의 불평, 불만의 원인은 대부분 친구, 선생님, 부모님이었습니다. 그중 비중이 가장 높은 것은 엄마의 '잔소리'였습니다. 집에서 매일 듣는 엄마의 잔소리가 스트레스를 준다며, 집이 불편하다고 이야기합니다. 도대체 아이들은 집에서 어떤 잔소리를 듣고 있을까요?

다음은 아이들이 가장 많이 듣는 잔소리의 순위입니다.

1위 : 공부해라.
2위 : 했어, 안 했어.
3위 : 숙제하고 놀라고 그랬지.
4위 : 방 좀 치워라.
5위 : 빨리 자라.

1위부터 3위까지의 공통점은 공부와 관련되어 있다는 것입니다. 물론 엄마들도 할 말이 많습니다. 아이가 책을 읽고, 숙제도 잘하고, 학원도 잘 다녔으면 좋겠습니다. 공부는 안 하고 놀기만 하니 당연히 엄마의 잔소리가 늘어만 갑니다. 문제는 이런 잔소리를 듣는 아이들이 엄마의 기대처럼 공부를 잘하게 될까요? 그렇게 된다면 아이들은 당연히 잔소리를 들어야 합니다. 하지만 누구나 알고 있습니다. 그렇지 않다는 것을요.

사춘기가 아닌 관점의 변화

우리 아이가 특별히 기분 좋은 날이 있습니다. 이런 날, 미소 띤 얼굴로 질문을 던져 보세요. "엄마에게 가장 많이 듣는 말이 무엇이니?" 이 질문을 받은 초등학교 3~6학년 아이의 입에서 "고마워, 사랑해"라는 단어가 등장하면, 이 책을 읽을 필요가 없습니다. 나는 정말 괜찮은, 소위 대한민국 3% 안에 드는 훌륭한 부모입니다.

초등학교 1, 2학년 교실에 들어가서 다음과 같은 질문을 했습니다. "집에서 엄마에게 가장 많이 듣는 말은 무엇인가요?" 아이들의 표정이 밝아집니다. 아이들이 적은 쪽지를 보면 대부분 "고마워, 사랑해"입니다. 초등학교 1, 2학년은 누구나 부모님을 사랑합니다. 이 결과는 초등학교 3학년 교실부터 흔들립니다. "집에서 엄마에게 가장 많이 듣는 말은 무엇인가요?"라는 질문을 받으면,

표정이 어두워지는 친구들이 보이기 시작합니다. 아이들의 쪽지에도 '사랑해, 고마워'가 드물어집니다. 대신 자리를 잡은 단어는 '공부해라, 책 좀 읽어라'입니다. 다시 말해 초등학교 3학년이 되면서 아이들이 집에서 느끼는 불편한 감정이 급격히 늘어난다는 뜻입니다. 왜 이런 현상이 일어날까요? 어머니들에게 "초등학교 3학년이 되면서 아이에게 잔소리, 꾸중이 심해지는 이유는 무엇인가요?"라고 물었습니다. 어머니들은 어떤 대답을 내놓았을까요? 몇 가지로 정리하면 다음과 같습니다.

초등학교 3학년을 공부하는 시기로 간주합니다. 1, 2학년은 학교생활의 적응기로 친구, 선생님과의 관계를 중시하지만, 3학년이 되면 공부를 해야 한다는 확고한 신념을 가지고 있었습니다. '초등학교 3학년 성적이 평생 성적을 좌우한다'고 말합니다. 이러한 신념은 주변 사람들, 학원, 육아에 관련된 도서로 인해 만들어졌습니다. 이 말을 믿게 된 이유는 무엇이냐는 물음에 어머니들의 대답은 의외였습니다. 3학년이 되면 교과목 수가 확 늘어나기 때문에 당황한다는 것입니다. 아이가 3학년 교과서를 집에 가져오는 날, 그 개수에 깜짝 놀랐다는 학부모의 이야기도 들을 수 있었습니다. 교과목 수가 많다 보니 당연히 공부는 어려울 거라 예상해서, 이때부터 본격적으로 학원을 찾는다고 합니다.

결국 초등학교 3학년 아이들의 불편한 감정 증가는 사춘기가 아니라 어머님들의 관점 변화 때문에 만들어진 것이었습니다. 초등학교 1, 2학년은 공부를 안 해도 되는 시기이지만, 3학년이 되면 공부를 본격적으로 해야 한다고 생각하기 때문입니다. 이 생각이 어머니들의 머릿속을 가득 채우면서 아이와 소통은 멀어지고 잔소리, 꾸중은 늘어납니다. 결과적으로 아이의 불편한 감정이 커지고, 엄마의 기대와는 달리 아이는 학습에서 멀어지는 이상한 반동 현상이 일어납니다. 초등학교 3학년 아이들은 1, 2학년의 모습과 크게 다르지 않습니다. 아직도 놀고 싶고, 엄마에게 애교를 부리고 싶습니다. 하지만 엄마가 변해버렸습니다. 확 바뀐 엄마로 인해 쌓인 감정이 '불평, 불만'입니다. 이러한 감정이 풍선처럼 부풀어 오른 것이 '사춘기'입니다.

사람의 생각과 행동은 감정의 지배를 받고 있습니다. 감정이 불편하면 생각이 거칠어지고, 생각이 거칠어지면 행동이 거칠어집니다. 감정이 불편하다 보니 책도, 공부도 싫습니다. 그럴수록 엄마의 잔소리는 더 심해집니다. 결국 악순환인 것입니다.

생각 따로 몸 따로

아이와 갈등이 시작되면서 엄마도 변하기 위해 노력합니다. 아이에게 좀 더 따뜻한 엄마가 되자 다짐하고 학교, 교육청에서 열리는 학부모 연수에도 참여합니다. 학부모 연수나 육아 서적은 '아이를 존중하라'는 내용이 핵심 중의 핵심입니다. 엄마가 아이를 존중하면 아이도 엄마를 존중한다고 이야기합니다.

 아이를 존중하기 위해 가장 필요한 것은 '대화법'입니다. 강사들은 이런 상황에서는 이렇게, 저런 상황에서는 저렇게 말해야 한다고 이야기합니다. 정말 옳은 말입니다. 강의를 듣는 내내 공감을 했고, 강사의 이야기처럼 실천하면 예쁜 내 아이로 돌아올 것 같습니다. 강의를 들으며 행복감에 취해 있는데, 문자가 옵니다. 아이가 학원에 빠졌다는 내용입니다. 무엇인가 어긋나고 있다는 생각이 들었습니다. 내가 아이를 잘못 키운 것은 아닐까? 강사의 이야기가 귀에 하나도 들어오지 않아 서둘러 강의장을 빠져나왔습니다. 아이에게 문자를 보내 집으로 곧바로 오라고 했습니다. 아이와 진지하게 이야기를 나누어 무엇이 문제인지 자세히 알고 싶었습니다. 화내지 말자고 몇 번이나 다짐했습니다. 아이와 식탁에서 마주 앉아 아이에게 학원을 빠진 이유를 물었습니다. 여러 번 같은 질문을 반복했지만 아이는 말없이 고개만 숙이고 있습니다. 조금씩 '욱'이라는 감정이 올라오기 시작합니다. 애써 참아 보지만 나도 모르게 고함이 터져 나옵니다. "학원 그만둬!"

위 내용은 대한민국 엄마라면 누구나 겪는 일입니다. 대한민국에서 아이를 키우는 엄마라면 '욱하고, 후회하고, 눈물짓고' 이 단어 3개가 이마에 붙어 있습니다. 엄마들이 가장 하기 싫은 것이 '욱'이지만 가장 자주 하는 것도 '욱'입니다. 대화법에 대해 강의를 들어도, 책을 읽고 또 읽어도 순간적으로 발생하는 '욱'을 억누를 수 없습니다.

도대체 왜 이럴까요? 학부모 강의에서 들었던 자녀와의 대화법이 머릿속에는 존재하는데, 입으로 나오지 않는 이유는 무엇일까요? 내 머릿속에서는 아이 눈을 맞추면서 부드러운 목소리로 이야기하고, 아이 생각을 들어보자 다짐합니다. 하지만 아이를 보는 순간 이 다짐은 어디론가 사라져 버립니다. '욱'과 함께 "너는 왜 이 모양이니?"라는 말이 습관적으로 튀어나옵니다. 이 의 문은 자녀교육에 한정되지 않습니다. 직장에서도 머리로 생각한 것이 말로 옮겨지지 않습니다. 아침 출근길, 나에게 불편을 주었던 동료를 생각합니다. 그 사람을 생각하면 가슴이 답답하지만 한편으로는 친절히 대하고 싶습니다. 그러나 사무실에서 마주치는 순간 시큰둥한 표정을 감출 수 없습니다.

학부모 강사에게 들었던 '대화법'이 실천되지 않는 이유는 무엇일까요? 머릿속의 이해와 입의 불일치는 왜 생기는 걸까요? 복도에서 쿵쿵거리며 달려가는 아이들을 불러 "복도에서는 오른쪽으로 다녀야지"라고 말하면 아이들은 "다음부터는 오른쪽으로 다닐게요"라고 답합니다. 하지만 이 아이들은 다음에도 오른쪽으로 다니지 않습니다. 집에서도 마찬가지입니다. 일요일 오전 스마트폰 게임에 열중하는 아이에게 이렇게 말합니다. "게임 멈추고 책 읽자." 아이가 대답합니다. "네. 조금만 더 할게요." 엄마는 기다리지만 아이는 멈추지 않습니다. "그만하라고 했잖아!" '욱'이 올라오면서 고함을 치게 됩니다. 아이는 아이대로 기분이 상했는지 문을 쾅 닫고 들어갑니다. 행복했던 일요일이 어디론가 사라져 버렸습니다.

엄마가 "책 읽어야지"라고 했을 때 아이의 머릿속을 생각해 보겠습니다. 아이는 분명 엄마의 이야기를 귀로 듣고 있습니다. 엄마의 말이 옳다고 생각합니다. 아이도 게임에 열중하는 자신의 모습이 싫습니다. 이것이 머릿속에서 일어난 '이해' 현상입니다.

한편, 엄마는 아이를 존중하며 자율적으로 선택하게 하라는 학부모 강사의 말이 옳다고 생각합니다. 이것이 엄마의 머릿속에서 벌어진 '이해' 내용입니다.

조금 더 '이해'를 살펴보겠습니다. 스키를 처음 배웠던 순간을 떠올려 보시기 바랍니다. 스키 강사는 장비에 대하여 설명을 합니다. 장비 이야기를 마치면 이제 스키의 기본을 배울 차례입니다. 부츠에 다리를 단단히 밀착하고, A자로 만들어 무릎을 굽히라고 설명합니다. 넘어질 때는 엉덩이부터, 폴대는 절대 사용하지 말라는 이야기도 곁들입니다. 넘어지고 일어서는 연습을 마친 후 드디어 초보 슬로프로 이동합니다. 스키 강사의 설명을 들을 때는 금방 스키를 탈 수 있을 것 같습니다. 머릿속에는 멋지게 슬로프를 타고 내려오는 모습이 그려집니다. 내 몸이 슬로프와 수직이 되면서 안전하게 스키를 타는 모습을 상상할 수 있습니다. 이것이 '이해'입니다. 그런데 막상 슬로프에 스키를 내미는 순간 어떻게 될까요? 엉덩방아를 찧으면 그나마 다행입니다. 대부분 손바닥으로 바닥을 짚고 맙니다. 관절을 다치기도 합니다. 스키 강사의 설명은 어디로 사라졌는지, 머릿속에는 스키 강사의 설명이 선명하게 떠오르지만, 몸이 따라 주지 않습니다. 이처럼 우리는 원래 생각 따로 몸 따로 움직이는 존재이며, 생각과 몸이 엇박자가 나는 존재입니다.

아는 것과 할 수 있는 것

머리로는 이해했는데, 왜 몸은 따라 주지 않을까요? 이 문제는 자녀와의 대화법은 이해했는데 실천되지 않는 이유와 같습니다. 여기에 대한 답을 구하기 위해서는 뇌에 대한 약간의 이해가 필요합니다. 우리 뇌는 기억을 통하여 세상과 소통하고 있습니다. 기억은 크게 두 가지로 구분할 수 있습니다. '아는 것'과 '할 수 있는 것'입니다.

어린 시절 일상적인 경험이나 책에서 배운 내용은 '아는 것'에 대한 기억입니다. 꽃이 피는 5월, 단풍이 드는 10월이 소풍의 계절입니다. 전날 설렘으로 잠을 못 이루던 기억, 보물찾기, 노래자랑 등이 떠오릅니다. 이 모두가 '아는 것'에 대한 기억이라고 할 수 있습니다. 교과서를 배우고, 시험을 본다면 대개는 '아는 것'에 대한 평가입니다. 영국의 수도는 어디인가? 인구밀도가 높은 지역의 특징은 무엇인가? 등의 항목은 '아는 것'에 대한 평가입니다. '환경을 보호하기 위해서 내가 할 수 있는 일은 무엇인가?'라는 평가 문항도 '아는 것'에 포함할까요? 그렇습니다. 책 읽기 등의 경험을 통해서 자신이 알고 있는 생각을 적는 것이므로 '아는 것'에 해당합니다.

'할 수 있는 것'에 대한 기억에는 무엇이 있을까요? 앞서 사례로 든 스키가 있습니다. 스키를 타는 방법을 설명 듣고 이해하면 '아는 것'에 포함됩니다. 하지만 스키를 탈 수 있는 것은 아닙니다. 여러 번 넘어지는 연습을 통해 스키를 탈 수 있게 되면 '할 수 있는 것'에 해당합니다. 자전거도 마찬가지입니다. 자전거 타는 방법을 알고 있다고 당장 탈 수 있는 것은 아닙니다. 연습과 반복을 통해서 '할 수 있는 것'이 결정됩니다.

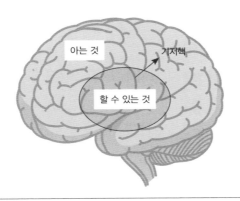

뇌 기억 구조

뇌 과학자들은 '아는 것'에 대한 기억과 '할 수 있는 것'에 대한 기억 장소가 다르다고 말합니다. '아는 것'에 대한 기억은 우리 뇌의 대뇌피질에서 이루어집니다. 대뇌피질에서 감각이 모여드는 영역이 있는데, 이 부분을 감각 연합 영역이라고 합니다. 이곳에 '아는 것'에 대한 기억이 존재한다고 합니다. 뇌 과학자들이 지목하는 '할 수 있는 것'에 대한 기억 장소는 기저핵입니다. 기저핵은 감각 연합의 바로 아래쪽에 자리 잡고 있습니다. 스키로 예를 들어 설명해 보겠습니다. 스키를 '타는 방법'에 대한 기억은 대뇌피질의 감각 연합 영역, 스키를 '탈 수 있는지'에 대한 기억은 기저핵에 저장되어 있습니다. 감각 연합 영역과 기저핵의 상호 연결로 슬로프를 멋지게 내려올 수 있는 것입니다.

그래서 '욱'했구나

'자녀와의 대화법'은 어떨까요? 학부모 강연, 육아 서적에서 배웠던 지식은 감각 연합 영역에 저장이 됩니다. '자녀와의 대화법'은 나의 감각 연합 영역에 저장되어 있습니다. 자녀와의 대화법에 대한 시험을 보면 언제든 100점을 맞을 수 있습니다. 예를 들어 강사가 "아이가 화가 났을 때는 어떻게 해야 하나요?"라는 질문에 "제일 먼저 아이의 상황을 들어 보아야 합니다"라고 대답하며, 화난 상황에 공감을 표시해 주어야 한다고 말합니다. 스마트폰 게임에 열중하고 있는 아이는 그만하자는 나의 이야기를 무시합니다. 아이를 바라보면서 학부모 연수에서 배웠던 감각 연합 영역의 지식을 꺼내서 쓸 수 있나요? 감각 연합은 아이 상황에 공감해 주어야 한다고 감각 연합은 외치지만, 나도 모르게 '욱'이 터져 버립니다.

분명히 자녀와의 대화법을 알고 있는데, 왜 행동으로 나타나지 않을까요? 대화법도 스키와 같습니다. 대화법이 감각 연합 영역에 저장되어 있어도 기저핵에 저장되지 않으면 언어로 표현되지 않습니다. 언어도 '아는 것'과 '할 수 있는 것'의 두 가지로 구성되어 있습니다. 아이와의 대화법이 '아는 것'에 해당되고, 이를 입으로 표현할 수 있는 능력이 '할 수 있는 것'입니다.

이 말은 외국어를 생각해 보면 쉽게 이해가 됩니다. 저는 중학교 시절 영어 단어 외우기 대회에서 1등을 한 적이 있습니다. 저의 감각 연합 영역에는 영어 단어가 많이 저장되어 있는 것입니다. 하지만 외국인만 만나면 쥐구멍으로 들어가고 싶습니다. 왜 그럴까요? 감각 연합 영역의 단어와 문장은 '아는 것'에 해당합니다. 외국인과 만나서 대화를 하려면 '할 수 있는 것', 즉 기저핵 부분에 영어 단어가 저장되어야 합니다. 하지만 저장되어 있지 않은 것입니다. 자녀와의 대화법도 마찬가지입니다. 자녀와의 대화도 스키나 영어 회화처럼 감각 연합 영역에 있는 '아는 것'의 지식이 기저핵의 '할 수 있는 것'의 능력으로 상호 연결이 되어야 합니다.

다음은 자녀와의 대화법입니다.

자녀 : (화가 나서 툴툴거린다.)
부모 : (자녀 쪽으로 몸을 기울이면서 부드러운 목소리로) 무슨 일
　　　이 있었는지 말해 줄 수 있겠니?

자녀 : 복도에서 걸어가는데 ○○가 나를 밀쳤어요.

부모 : 친구가 밀쳤구나. 억울하겠다.

앞선 예시는 아이가 화가 나서 집에 돌아왔을 때, 어떻게 해야 하는가에 대한 모범 답안입니다. 아이의 행동에 대하여 일단 자세히 들어보고 공감해 주라는 내용입니다. 대부분 학부모 강사나 육아 서적에서 읽었던 내용입니다. 아마 이 책을 읽고 계시는 부모님은 입가에 엷은 미소가 흘러나오실 것입니다. 수없이 들었던 내용이지만 실천한 적이 거의 없다면 말입니다. 대부분 다음의 예시처럼 행동했을 것입니다.

A 학부모

자녀 : (화가 나서 툴툴거린다.)

부모 : (약간 흥분하여) 무슨 일 있었어?

자녀 : 복도에서 걸어가는데 ○○가 나를 밀쳤어요.

부모 : (크게 흥분해서) 그 애는 왜 너를 밀치고 그런다니?

B 학부모

자녀 : (화가 나서 툴툴거린다.)

부모 : (약간 흥분하여) 무슨 일 있었어?

자녀 : 복도에서 걸어가는데 ○○가 나를 밀쳤어요.

부모 : (크게 흥분해서) 사내자식이 그걸 가지고 화내고 그래!

　우리가 A나 B 학부모처럼 행동하는 이유는 무엇일까요? 그 방식이 기저핵에 저장되어 있기 때문입니다. 나의 기저핵에는 이렇게 저장되어 있습니다. 우울한 표정의 아이에게는 "별일도 아닌 것 가지고 그러니?", 남편의 화난 표정을 보면 "남자가 소심하게 그런 걸 가지고 그래!"라고 말입니다. 우리는 그것을 '습관'이라 부릅니다. 어떻게 하면 해결할 수 있을까요?

　유일한 방법은 스키나 영어 회화처럼 꾸준히 연습하는 것입니다. 화에 대한 나의 처리 방식을 새롭게 바꾸는 것입니다. 새로운 습관을 만드는 것은 말처럼 쉬운 일이 아닙니다. 기저핵에 새로운 방법을 저장하기 위해서는 반복 연습이 중요합니다. 내가 연습하기 위해서는 아이가 화를 자주 내야 합니다. 그런데 정작 아이는 화를 매일 내지 않습니다. 그럴 때는 거울을 보고 혼자서 연습해 보세요. 아이가 화가 났을 때, 육아 서적에서 제시하는 모범 답안이 나의 습관으로 만들어질 수 있습니다. 다만 여기서도 문제가 하나 나타납니다. 나의 신체나 감정이 불편한 상태에서는 A나 B 학부모처럼 행동한다는 것입니다.

감정의 민낯을 파악하라

엄마의 삶을 자세히 들여다보면 '욱하고, 후회하고'의 반복입니다. 아이에게 욱하지 말아야지 다짐하지만, 사소한 일로 욱하게 되고, 잠든 아이의 얼굴을 보면서 눈물을 훔칩니다. 어디 '욱하고, 후회하고'가 엄마뿐이겠습니까? 회사원, 선생님, 대통령 등 직책을 막론하고 '욱하고, 후회하고'를 반복합니다. 욱하지 말아야지, 다짐한다고 해서 '욱하고, 후회하고'를 멈출 수 없습니다. 육아 서적을 읽고, 학부모 강사에게 대화법을 익혀도 어느 순간 '욱'이 올라와 버립니다. '욱하고, 후회하고'는 조상들이 우리에게 물려준 유전자입니다. 나의 어린 시절을 돌아보면 우리 부모님도 '욱하고, 후회하고'를 반복했습니다.

꾸미지 않은 본래의 얼굴을 '민낯'이라 부릅니다. 접두어 '민'이라는 말은 꾸미거나 덧붙여 딸린 것이 없다는 뜻입니다. 그래서 머리카락 없는 머리를 '민머리'라 하고, 소금기 없는 물을 '민물'이라 부릅니다. '욱'이라는 감정도 민낯이 있을까요? '욱하고 후회하고'의 현상을 이해하려면 먼저 욱의 민낯을 살펴보아야 합니다. 그것이 욱의 본질을 이해하는 첫걸음입니다. 불끈불끈 솟아오르는 욱의 민낯은 무엇일까요? 가장 이해하기 쉬운 방법은 동물을 관찰하는 것입니다. 어항 속의 물고기를 생각해 보겠습니다. 어항에 있는 물고기를 손으로 잡으려 하면, 물고기는 재빨리 사람의 손을 피해 도망을 갑니다. 이것은 살아남고자 하는 동물의 본능입니다. 모든 동물은 누군가 위해를 가하고자 하면 싸우거나 도망을 갑니다. 이러한 상황에서 물고기의 체온을 측정하면 어떻게 될까요? 체온이 높아져 있다는 것을 발견할 수 있습니다. 체온이 높아졌다는 것은 감정적인 흥분이 일어났다는 것입니다. 우리도 마찬가지입니다. 욱이 나타나면 체온이 상승합니다. 근육이 긴장되고, 혈관이 팽창되면서 몸에서 열기가 오르는 것을 감지할 수 있습니다.

인간을 포함한 모든 동물은 위험 상황을 맞이하게 되면 체온이 상승하면서 감정적 흥분을 일으킵니다. 체온 상승과 함께 동반되는 감정적 흥분이 욱의 본질입니다. '욱'은 인간, 동물 등 모든 유기체의 생존을 지키기 위해 출현했습니다. 한마디로 이야기하면 욱은 생존 보호막입니다. 물고기가 사람의 손을 피해 재빨리 도망가는 것도 살기 위하여 욱을 동원한 결과입니다.

최고의 공상과학 영화 중 하나인 〈스타트렉(Star Trek)〉에는 여러 가지 재미있는 소재들이 등장합니다. 순간 이동 장치, 만병 치료기 등 미래에 만들어질 발명품들을 볼 수 있습니다. 그중에서 우주선을 방어하는 최첨단 무기가 있습니다. 적의 공격이 시작되면 우주선은 일종의 보호막으로 둘러싸입니다. 적들은 최첨단 무기를 동원하여 공격을 감행하지만, 보호막을 뚫을 수 없습니다. 결국 적은 스타트렉의 엄청난 공격을 받고 퇴각합니다.

욱은 우주선의 보호막과 비슷합니다. 욱은 자신의 생명을 지키기 위한 보호막입니다. 누군가 생존에 위협을 주면 욱을 동원하여 자신과 가족을 보호합니다. 사람을 포함한 모든 동물이 마찬가지입니다. 숙제는 안 하고 게임에 푹 빠져 있는 아이를 보면 엄마는 욱합니다. 엄마는 아이 앞날이 걱정됩니다. 대학은 갈 수 있을까? 직장은 구할 수 있을까? 이러한 아이에 대한 걱정이 '욱'으로 나타난 것입니다.

'욱'도 유전이다

만약 우리에게 '욱'이 존재하지 않는다면 어떻게 될까요? 우리가 원시인이라고 상상해 보겠습니다. 남편이 사냥을 떠나고 텅 빈 동굴에서 아이를 키우고 있습니다. 갑자기 독을 가진 뱀이 혀를 날름거리며 천천히 다가오고 있습니다. 도망가야 할까요? 싸워야 할까요? 이때 등장하는 주인공이 '욱'입니다. 동공이 커지면서 표정이 일그러집니다. 막대기에 힘이 들어가고, 고함을 치면 뱀은 꼬리를 내리고 동굴을 빠져나갑니다. 욱이란 바로 인간의 생명을 지켜주는 보호막입니다. 그러한 욱은 세포핵의 유전자를 통하여 오늘의 우리에게 전달된 것입니다. 다만 욱의 '양'은 사람마다 다를 수 있습니다. 욱의 유전자를 많이 가지고 태어나는 사람도 있고, 그렇지 않은 사람도 있습니다. 요즘 과학계에서는 욱도 유전으로 주장하는 사람들이 늘어 가고 있습니다. 대표적인 사람이 미국의 심리학자 토마스 부샤드(Thomas Bouchard)입니다.

그는 태어나자마자 각자 다른 가정으로 입양된 쌍둥이가 40년 만에 재회했다는 소식을 듣게 되었습니다. 이 소식을 계기로 부샤드는 유전에 대해서 본격적으로 연구하게 되었습니다. 그는 쌍둥이의 유사성에 대해서 알아보았습니다. 쌍둥이는 모두 편두통, 고혈압 등 질병이 있었고 심지어 손톱 물어뜯기, 목공 일을 하는 것까지 닮아 있었습니다. 이를 관찰한 부샤드는 사람의 성격도 유전자가 결정한다는 새로운 이론을 만들었습니다. 이후 많은 연구자가 성격 형성에 있어서 유전자의 중요성을 강조하고 있습니다. 그렇다면 욱도 유전의 영향을 받는다고 보아야 합니다. 당신이 욱하는 편이라면 틀림없이 부모님도 욱을 잘하셨을 것입니다. 욱하는 부모님으로 인해 상처를 받은 적도 있겠지요.

저의 어머니는 자식들의 잘못에 대해서는 엄격하게 꾸중하셨고 가끔 욱도 사용하셨습니다. 지금의 저는 어머님을 닮았습니다. 부당하다고 생각되는 일에 대해서는 욱이 쉽게 터져 버립니다. 저는 욱으로 인해 자책하는 일이 많았습니다. '감정'을 공부하면서 '욱'을 바라보는 태도가 달라졌습니다. 욱은 먼 조상들이 나에게 물려준 생명 보호의 유전자입니다. 욱했다고 해서 자책할 필요는 없습니다.

감정 나무를 키워라

결국 '욱'은 내 잘못이 아닙니다. 조상들이 물려준 유전자 때문입니다. 욱이라는 유전자가 나의 뇌세포 속에 존재하고 있어서입니다. 물론 조상 탓만 있는 것은 아닙니다. 유전보다 환경 탓이 더 크겠지요. 나와 함께 하는 가족, 학교, 친구, 사회가 나의 '욱'을 불러내고 있습니다. 욱은 유전보다 살아가는 환경이 더 중요합니다.

마음에는 불안, 두려움, 기쁨, 슬픔 등 수십 그루의 감정 나무가 존재합니다. 그 나무의 크기는 모두 다릅니다. 작은 나무도 있고, 큰 나무도 있습니다. 나무의 크기를 결정하는 것은 유전의 영향이라고 볼 수 있습니다. 예를 들어 '슬픔'이라는 큰 감정 나무를 가지고 태어난 사람도 있고, 그렇지 않은 사람도 있습니다.

감정 나무에는 열매가 열립니다. 큰 나무에 많은 열매가 열리기도 하고, 작게 열리기도 합니다. 예를 들어 '화'라는 큰 나무를 가지고 태어났지만, 열매가 적게 열리는 사람이 있습니다. 기쁨이라는 작은 나무를 가지고 태어났지만, 기쁨이 주렁주렁 열린 사람도 있습니다. 이것을 결정하는 것은 우리가 보고, 듣는 것입니다. 가족, 친구, 학교, 사회 환경에서 보고 듣는 내용입니다. 그것은 오감을 통하여 나의 뇌에 들어온 정보를 이야기합니다. 그 정보에는 감정이 색칠되어 있습니다. 정보에 감정이 색칠되어 있다는 것에 의문이 들지만, 일상을 뒤집어서 생각해 보면 이 사실을 쉽게 알아낼 수 있습니다. 친구와 싸우지 말라는 엄마의 말을 뒤집으면 어떻게 될까요? 친구와 싸우면 속상한 엄마의 감정이 색칠되어 있습니다.

모든 정보에는 감정이 담겨 있어서, 받아들인 정보에 따라 감정 나무 열매를 결정합니다. 정보는 크게 2가지로 분류됩니다. 하나는 부정적인 일, 다른 하나는 긍정적인 일입니다. 비교, 경쟁, 학대, 폭력은 부정적인 정보입니다. 칭찬, 감사, 나눔, 봉사는 긍정적 정보입니다. 우리가 매일 보고 듣는 정보는 부정적인 정보가 많을까요? 긍정적인 정보가 많을까요?

믿기지 않겠지만 우리는 부정적인 정보에 관심이 더 많습니다. 긍정적 정보보다 부정적 정보를 접하게 되면 오감의 주의력이 올라갑니다. 바로 나의 세포핵에 존재하는 유전자 때문입니다. 우리의 유전자는 생존을 위하여 설계되었습니다. 부정적인 정보는 나의 생명에 위협을 줄 수 있습니다. 내가 다칠 수 있고, 목숨을 잃을 수도 있습니다. 생존을 위해서는 부정적인 정보를 우선 처리해야 합니다.

인류의 조상은 아프리카 사바나와 같은 환경에서 살았다고 합니다. 동굴에서 10명 내외의 가족을 이루며 생활을 했습니다. 이들이 살아남기 위해서는 적이 침입해 오는지, 사나운 짐승이 출현하는지, 음식에 독이 들어 있는지에 대해 높은 주의력을 기울여야 했습니다. 부정적인 정보는 긍정적인 정보보다 생존에 즉각적인 영향을 준다는 뜻입니다. 그들의 유전자를 물려받은 우리가 부정적인 정보에 관심이 높은 이유입니다.

우리의 부정적 감정 나무 열매가 풍성해져 버렸습니다. 정이 사라졌으며, 작은 일에도 다툼이 일어납니다. 아이들도 마찬가지입니다. 어깨만 살짝 스쳐도 싸움이 일어납니다. 초등학생 아이가 선생님께 의자를 던졌다는 뉴스도 들려옵니다. 학부모와 선생님의 갈등이 재판으로 이어져 간다는 소식도 심심치 않게 들려옵니다. 문득, 나와 아이의 관계도 달라져 가고 있음을 느낍니다. 감사보다는 불평이 눈덩이처럼 커졌습니다. 욱이 자주 나타나 나와 아이의 행복도가 낮아져 가고 있습니다. 다만 이러한 욱은 내 잘못이 아닙니다. 아이 잘못도 아닙니다. '욱'이라는 감정이 발현될 수밖에 없는 유전자와 사회 환경 탓입니다. 그래서 우리는 감정을 새롭게 디자인해야 합니다.

Chapter 2

욱하는 부모의
감정을
다스리는 법

아이가 생존에
위협을 준다고?

우리의 삶을 들여다보면 '욱하고 후회하기'의 반복입니다. 따뜻한 아내가 되자고 약속하지만, 술 취해 들어온 남편을 보면 목소리 온도가 높아집니다. 부드러운 엄마가 되고 싶지만, 게임에 몰입해 있는 아이를 보면, 욱이 벌떡벌떡 일어납니다. '욱' 때문에 속이 상하고 '욱'이 지나간 자리에는 후회가 들어섭니다. 좀 참아야 했는데, 내가 바보라는 생각이 종일 머리에 머물러 있습니다. '내 인격에 문제가 있을까?'라는 질문이 던져지면서 비참함이 고개를 내밉니다.

저도 그렇습니다. 아니, 대부분의 사람이 그렇습니다. 욱으로 인해서 아이, 남편, 친구에게 미안하고 부끄럽습니다. 하지만 이러한 욱은 나의 잘못이 아닙니다. 조상들이 유전자라는 수단을 동원하여 욱을 나에게 물려준 결과입니다. 거기에 양육 방식, 사회 환경이 더해져서 욱하는 내가 만들어졌을 뿐입니다. 내가 욱하는 것은 나의 잘못이 아닙니다. '욱의 본질'은 생존을 위한 수단입니다. 유전자 관점에서 보면 욱은 이웃 부족, 사나운 동물과의 싸움 과정 중에 만들어졌습니다. 그들로부터 나, 가족, 동료의 생명을 지키기 위하여 출현한 감정입니다. 초기 인류에게 '욱'은 생존을 위한 가장 중요한 감정이었습니다. 하지만 시대가 변하고 주변 상황이 바뀌었습니다. 우리 주위에는 사나운 짐승도 없고, 우리 마을을 호시탐탐 노리는 이웃 부족도 없습니다.

욱이 주인 노릇을 할 환경이 변했습니다. 맹수가 사라지고 침략자도 없습니다. 그 자리에는 가정, 마을, 학교가 들어서 있습니다. 아이들이 놀이터에서 신나게 놀아도 맹수에게 습격당할 일이 없습니다. 친구들과 이웃 마을에 여행을 가도 나에게 창을 들이대는 부족은 없습니다. 따라서 '욱'도 줄어들어야 하지만 오늘도 욱하며 살아갑니다. 생존에 위협을 주는 주인공이 바뀌었기 때문입니다. 새롭게 위협을 주는 존재가 나타났습니다. 그 존재는 무엇일까요? 아이, 남편, 직장 동료를 포함한 이 사회입니다.

청년실업률이 갈수록 높아진다는 소식에 아이의 미래가 걱정되는데 정작 아이는 게임만 하고 있습니다. 아이가 경쟁에서 밀릴 것 같습니다. 이것은 나의 생존에 커다란 위협 요소입니다. 남편이 승진도 빨리하고 월급도 많이 받았으면 좋겠습니다. 그러기 위해서는 자기 계발이 필수인데 집에서는 스포츠 TV, 밖에서는 술과 친구로 시간을 낭비합니다. 당연히 나의 현재와 미래에 커다란 위협 요소입니다.

생존에 위협을 받아서일까요? 욱의 횟수는 해가 지날수록 증가합니다. 고학년이 될수록 '욱 횟수'는 더 증가합니다. 남편과의 관계는 어떨까요? 신혼 시절 따뜻한 남편의 모습은 어디론가 숨어버리고 지치고 힘든 가장의 모습만 남아있습니다. 그런 남편을 보면서 내 마음도 덩달아 무거워집니다. 그러지 말아야지 생각하면서도, 어느 순간 나도 모르게 '욱'이 나오고 맙니다.

미래를 위해 아이가 공부를 좀 더 잘했으면 하고, 남편이 좀 더 유능한 사람이 되기를 바랍니다. 하지만 아이와 남편은 나의 소망과는 다른 길을 걷습니다. 아이는 학년이 올라갈수록 학원 다니기를 싫어합니다. 해가 지날수록 남편의 퇴근 시간이 늦어집니다.

불편한 나의 마음은 오늘도 욱이라는 칼끝을 남편과 아이에게로 향하게 합니다. 사실 욱 뒤에 숨어 있는 진실은 행복한 우리 가정을 만들자는 것입니다. 좀 더 잘하자고 욱했을 뿐인데, 아이 볼에는 불평이 가득합니다. 남편은 2시간 째 아무 말도 하지 않습니다. 우리 집이 냉기로 가득합니다.

'욱'은 '욱'을 낳습니다. 욱의 칼끝은 사나운 맹수와 적을 향해야 합니다. 아무리 가족이라도 '욱'이라는 감정은 반드시 '욱'을 낳을 수밖에 없습니다. 우리는 누군가로부터 욱을 당하면 나 자신도 모르게 욱이 치밀어오릅니다. 아무리 참으려고 해도 욱하고 맙니다. 이것이 바로 유전자의 명령입니다.

'욱'이 '욱'을 낳는다

우리에게는 불편한 진실이 하나 있습니다. 욱으로 해결할 수 있는 일은 아무것도 없지만, 오늘도 욱한다는 사실입니다. 아이에게만이 아니겠지요. 그러나 모든 관계에서 '욱'으로 해결되는 일은 하나도 없습니다. 그래서 우리는 욱했던 날 죄책감에 시달립니다. "나는 감정을 가진 인간이기에 어쩔 수 없는 거야"라고 마음을 달랩니다. 맞습니다. '욱'은 예수, 부처가 되지 않는 한 어찌할 수 없는 현상입니다. 우리가 꼭 알아야 할 진실은 '욱'은 '욱'을 낳는다는 사실입니다. 왜 그럴 수밖에 없는지 좀 더 알아보기 위해 책 읽기를 멈추고 다음 상황을 따라 해 보세요. 조용한 장소에서 실시하면 더 효과적입니다.

<u>상황1</u> 내가 아이에게 '욱'했던 장면을 떠올려 볼까요?

- 내가 아이에게 욱했던 장면 중 하나를 상상합니다.
- 아이를 향한 나의 표정을 살펴보세요.
- 나는 어떤 말을 하고 있나요?
- 손을 가슴에 얹고 심장의 박동을 느껴 보세요.
- 나의 신체에서 오는 신호를 느껴 보세요. 머리, 얼굴, 가슴, 다리로 내려가면서 살펴보면 더 좋습니다.

욱하는 상황에서 나의 상태는 어떠한가요? 사고가 단순화됩니다. 앞뒤를 생각하면서 야단을 쳐야 하는데 그러지 못합니다. 오직 아이의 잘못된 행동에만 집중합니다. 아이의 예쁜 점 등은 어느새 눈에 보이지 않습니다. 신체는 어떠한가요? 심장은 두근거리고, 손에서는 땀이 납니다. 이번에는 내가 '욱'을 당했던 상황을 떠올려 볼까요?

<u>상황2</u> 내가 '욱'을 당했던 장면을 떠올려 볼까요?

- 남편, 직장 상사 등 내가 욱을 당했던 장면을 상상합니다.
- 그 사람의 얼굴을 자세히 바라보세요.
- 그 사람의 입에서 나오는 말을 자세히 들어 보세요.

- 손을 가슴에 얹고 심장의 박동을 느껴 보세요.
- 나의 신체에서 오는 신호를 느껴 보세요. 머리, 얼굴, 가슴, 다리로 내려가면서 살펴보면 더 좋습니다.

욱을 당했을 때 나의 상태는 어떠한가요? 욱하는 상대방에 대한 분노 외에는 아무런 생각도 들지 않습니다. 전에는 나에게 친절한 사람이었지만, 이 순간에는 그렇지 않습니다. 신체 상태는 어떠한가요? 아마 틀림없이 욱했을 때와 비슷할 것입니다. 욱을 했을 때와 욱을 당했을 때 신체 상태는 차이점이 없습니다. 이런 상태는 전쟁터 병사의 모습과 흡사합니다. 병사는 눈앞의 적만 생각해야 합니다. 다른 것을 생각하면 생명이 위험합니다. 적을 이겨야 하며, 모든 에너지를 근육으로 보내 전투 상태를 만들어야만 살아남을 수 있습니다.

'욱'이 '욱'을 낳는 이유는 생각과 감정의 불일치 때문입니다. 내가 욱하면 아이가 잘못을 깨달을 것이라고 생각하지만, 정작 아이의 감정은 자신에게 욱하는 대상을 모두 '적'이라고 받아들입니다. 아이는 욱하는 엄마의 목소리만 들릴 뿐, 그 이유에 대해서는 생각하지 않습니다. 욱은 아이의 생각을 정지시켜 버립니다. 욱을 당하는 순간 아이의 심장 박동이 빨라지고 호흡이 거칠어집니다. 곧 아이도 욱하게 됩니다. 아이에게 좀 더 잘하라고 욱했을 뿐인데 나의 '욱'이 아이의 '욱'으로 돌아옵니다.

'욱'의 부피는
경험으로 결정된다

욱하지 않고 아이와 남편을 대할 수 있을까요? 어쩌면 이것은 우리의 평생 숙제일 수 있습니다. 저도 아이와 아내에게 욱하며 살았습니다. 이 욱을 해결하기 위해 명상 센터를 찾았고, 감정 관련 도서는 모두 읽어 보았습니다.

돌아온 결과는 어떠했을까요? 머리로는 이해가 되는데, 일상에서 적용이 어려웠습니다. 순간적으로 벌떡 일어나는 욱을 어찌할 수 없었습니다. 특히 사랑하는 가족에게 욱은 치명적인 약점이었습니다. 욱하고 난 뒤의 기분은 정말 참담합니다. 이런 부족한 남편을 만난 아내에게 미안했고, 욱하는 아빠를 만난 아이에게 고개를 들 수 없었습니다. 나는 어찌할 수 없는 사람인가, 체념을 했습니다. 이때 은사를 만났는데, 그 이름은 '뇌 과학'입니다. 뇌 과학으로 감정을 바라보게 되었고 욱하는 이유도 찾을 수 있었습니다. 욱은 인류의 생존 수단이라는 것입니다. 인간을 포함한 모든 동물은 생존에 위협을 받으면 욱하게 된다는 것입니다.

그렇다면 욱은 어찌해 볼 수 없는 운명일까요? 정답은 '아니오'입니다. 욱은 머릿속에 기록되어 있는 정보에 의존한다는 사실을 알아야 합니다. 머릿속 정보에 따라 욱이 될 수도 있고 감사가 될 수 있습니다. 시각, 청각, 후각, 미각 등을 감각 기관이라 합니다. 우리는 감각 기관을 통하여 세상의 모든 정보를 받아들입니다. 그 정보는 기존에 내가 가지고 있는 머릿속 기록과 결합하여 감정을 만들어 냅니다.

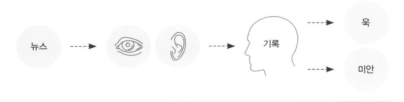

뉴스 인식 과정

예를 들어, 지금 TV에서 아나운서가 다음과 같이 이야기하고 있습니다. "초등학교 4학년 남자아이가 그림이 잘 그려지지 않는다고 선생님께 물통을 던졌다고 합니다" 이 뉴스는 시각과 청각을 통과하여 시청자들의 뇌로 들어갑니다. 이 뉴스를 만난 전전두엽은 뇌의 각 기관에 다음과 같은 명령을 합니다. "이 뉴스와 일치하는 과거의 기록을 찾아내서 실행해라".

어떤 사람은 뉴스를 보고 욱하게 됩니다. 어쩜 초등학생이 저럴 수 있는지, 나쁜 아이라며 화가 날 것입니다. 이 사람의 뇌 속에는 어떤 경험이 기록되어 있을까요? 초등학생은 선생님을 존경해야 하고, 물통을 던지는 행위는 잘못된 것이라고 기록되어 있습니다. 선생님께 물통을 던지는 것은 적대 행위이며, 당연히 꾸중을 들어야 한다고 생각합니다. 이것이 그가 욱하는 이유입니다.

"얼마나 힘들면 저랬을까?"라며 안쓰러워하는 사람도 있습니다. 이 사람의 머릿속에는 무엇이 기록되어 있을까요? 물통을 던지는 행위 뒤에 아이의 고통이 숨어 있음을 알고 있습니다. 문제를 일으키는 아이의 심리 상태를 잘 알고 있는 사람입니다. 이 사람은 아이의 행동보다 아이의 감정이 잘 보일 것입니다.

결국 '나의 머릿속에 무엇이 기록되어 있는가?'에 따라 '욱'과 '감사'가 결정됩니다. 머릿속 기록은 내가 인생을 살아온 경험입니다. 어머니 뱃속부터 출발해 지금까지의 모든 경험입니다. 그 경험에는 감정이라는 그림자가 있습니다. '좋다', '나쁘다'에서 출발하여 '기쁨, 호기심, 두려움, 슬픔, 만족, 걱정, 고마움' 등 수십 가지로 나눌 수 있습니다. 사람의 감정은 다음 그림처럼 부피로 상상해 볼 수 있습니다.

상수는 기쁨과 감사의 부피는 크지만, 미움과 화의 부피는 작습니다. 반대로 철수는 미움과 화의 부피는 크지만, 기쁨과 감사의 부피는 작습니다. 위 그림을 보고 상수와 철수의 일상을 추측할 수 있습니다. 상수는 매사에 긍정적이고 감사라는 단어를 입에 달고 다니는 아이입니다. 반면 철수는 가족이나 친구들의 장점보다는 단점을 잘 찾아내고, 매사에 부정적입니다.

누가 '욱'을 잘할까요? 철수일 확률이 높습니다. 욱은 화가 쌓여서 나타난 현상이라고 설명할 수 있습니다. 수조를 예로 들어보면 쉽습니다. 물이 가득 들어있는 수조가 있습니다. 돌 하나를 넣으면 어떻게 될까요? 물이 넘치게 됩니다. 마찬가지로 화가 가득한 사람은 아주 사소한 일에도 욱하게 됩니다. 결국 '욱'을 줄이는 유일한 방법은 화의 부피를 줄이는 것입니다.

감정의 비율을 디자인하라

'욱'을 줄이기 위해서는 '화'의 부피를 줄여야 합니다. 내가 가진 '화'의 부피는 머릿속에 기록된 나의 삶입니다. 내 인생에서 화와 관련된 경험이 머릿속에 빽빽하게 기록되어 있습니다. 그렇다고 나의 과거 경험을 삭제할 수 없습니다. 만약 우리 뇌가 컴퓨터 메모리 카드라면 가능하겠지요. 우리 머릿속에 기록된 경험들은 어찌할 수 없습니다.

더 이상 욱하지 않으려면 감정 총량의 구성비를 바꾸면 됩니다. 1974년, 프랑스 화학자 라부아지에(Antoine Laurent Lavoisier)는 우리에게 익숙한 '질량 보존의 법칙'을 발견했습니다. 이는 화학 반응이 일어나더라도 원자의 종류와 개수가 변하지 않기 때문에 '반응 전과 반응 후의 질량은 같다'는 의미입니다. 똑같은 의미는 아니지만, 이 개념을 감정에 적용하여 한 사람이 가지고 있는 감정 총량을 '반응 전과 반응 후의 질량은 같다'는 의미로 해석해 보겠습니다. 아이에게 욱했을 때 느낌은 어떠한가요? 순간적으로 불쾌한 감정이 치솟아 오릅니다. 이 순간 아이에게 다정했던 감정은 사라져 버립니다. 즉 감정 총량의 구성비가 바뀌는 것입니다.

불쾌한 감정의 구성비는 올라가고 유쾌한 감정의 구성비는 내려갑니다. 질량의 개념으로 감정 총량을 100%이라고 할 때, 기쁨이 20%, 화가 20%라고 가정을 하겠습니다. 아이에게 욱하는 순간 화라는 감정은 30%로 올라갑니다. 감정 총량은 변하지 않기 때문에 기쁨은 10%로 내려갑니다.

이 개념을 좀 더 확대해 보겠습니다. 감정은 유쾌한 감정과 불쾌한 감정으로 크게 나눌 수 있습니다. 유쾌한 감정에는 즐거움, 기쁨, 만족, 평온함 등이 있겠지요. 화, 두려움, 불안, 불평 등은 불쾌한 감정입니다. 서울대 심리학과 민경환 교수팀의 연구에 의하면 감정을 표현하는 한국어 단어 중 72%가 불쾌한 감정과 관련된다고 합니다. 이렇게 보면 유쾌한 감정과 불쾌한 감정의 비율은 3 : 7 정도로 보아야 합니다. 우리의 머릿속 경험들도 3 : 7로 불쾌한 감정과 관련된 일들이 많겠지요. 만약 유쾌한 감정이 4로 상승하면 어떻게 될까요? 당연히 불쾌한 감정은 6으로 줄어듭니다. 유쾌한 감정이 5로 상승하면 불쾌한 감정은 5로 줄어듭니다. 감정의 총량은 변하지 않기 때문입니다.

우리가 행복하기 위해서는 바로 이 감정의 구성비를 바꾸어야 합니다. 감정의 구성비를 3 : 7에서 4 : 6 또는 5 : 5로 변환시켜야 합니다. 이것이 '감정 디자인'입니다. 다시 말해 '감정 디자인'은 유쾌한 감정의 구성비를 높이고, 불쾌한 감정의 구성비를 낮추는 것입니다. 미국의 심리학자 제임스 러셀(James Russell)이 발표한 '감정 원형 모형'을 이용하여 '감정 디자인' 개념에 대해 좀 더 알아볼까요? 그는 유쾌한 감정 14가지, 불쾌한 감정 14가지를 그래프에 표시하였습니다. 아래 그림의 가로축 오른쪽은 유쾌한 감정, 왼쪽은 불쾌한 감정을 나타냅니다.

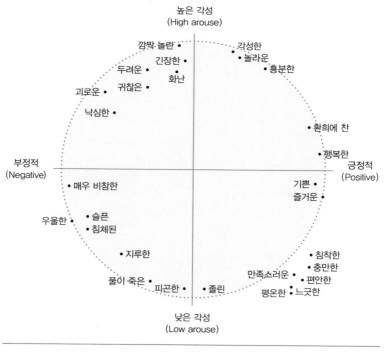

감정 원형 모형

이 그림에 감정 디자인 개념을 대입해 볼까요? 유쾌한 감정의 구성비를 높이기 위해서는 어떻게 해야 할까요? 아래 그림처럼 세로축이 왼쪽으로 이동해야 합니다. 감정 디자인의 개념은 세로축의 오른쪽 영역을 넓히는 일입니다. 행복한, 평온한, 만족스러운 등 14가지 유쾌한 감정의 양을 늘리는 일입니다. 당연히 피곤한, 풀이 죽은, 우울한 등의 14가지 불쾌한 감정은 '감정 보존의 법칙'에 의해 줄어듭니다.

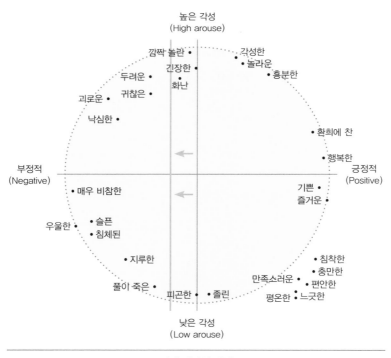

감정 디자인 개념

감사로 행복 호르몬 늘리기

'감정 디자인'은 러셀의 감정 원형 모형의 관점에서 보면 세로
축 오른쪽 영역의 감정의 양을 늘리는 일입니다. 그중에서도 4사
분면의 감정 양을 늘려주는 일입니다. 4사분면의 감정을 살펴보
면 행복한, 기쁜, 즐거운, 침착한, 충만한, 만족스러운, 편안한, 평
온한, 느긋한 등의 9개 감정입니다. 이 9개의 감정이 늘어나면 감
정 총량은 변하지 않으므로 2사분면, 3사분면의 우울한, 비참한,
낙심한, 화난, 지루한 등의 불쾌한 감정은 줄어듭니다.

4사분면의 감정을 늘리기 위해서 무엇을 해야 할까요? 성경에
는 '범사에 감사하라. 이는 그리스도 예수 안에서 너희를 향하신
하나님의 뜻이니라'라고 기록되어 있습니다. 어떤 상황에 닥쳐도
감사하는 것이 예수를 보내신 하느님의 명령이라는 것입니다. 이
런 이유로 그리스도인의 행복 크기는 감사 크기와 비례합니다. 행

복해서 감사한 것이 아니라, 감사하기에 행복하다고 합니다. 4사분면의 감정을 늘리는 것이 '감사'라는 이야기입니다. 원불교에서도 마찬가지입니다. 원불교 교법의 중요한 단어 중 하나는 '은혜'입니다. 다르게 말하면 감사이지요.

원불교에서는 이 은혜가 네 가지 모습으로 세상에 존재한다고 합니다. 그 첫 번째가 천지은(天地恩)입니다. 하늘과 땅에서 받는 은혜입니다. 원불교의 깊은 철학은 모르지만, 천지은(天地恩)은 공기가 있어서 호흡을 할 수 있고, 땅이 있어서 내 몸을 의지할 수 있고, 식량을 구할 수 있어서 생명을 유지할 수 있다는 뜻입니다. 부모은(父母恩)은 부모님에게 받는 감사를 말하며, 동포은(同胞恩)은 타인으로부터 받는 감사, 법률은(法律恩)은 개인, 사회, 국가, 세계를 다스리는 법률로부터 받는 감사를 이야기합니다.

학자들의 연구도 살펴볼까요? 감정과 관련된 연구는 주로 긍정심리학자들에 의해 다루어졌습니다. 긍정심리학을 창시한 마틴 셀리그먼(Martin Seligman)의 연구를 예로 들어 볼까요? 그는 400명의 성인을 대상으로 감사하기 과제를 수행한 집단과 그렇지 않은 집단의 감정 변화를 알아보았습니다. 연구 결과는 어떻게 되었을까요? 감사하기 과제를 수행한 집단이 행복감이 증가하고, 우울감은 감소되었다고 합니다.

미국 캘리포니아 데이비스대학교의 로버트 에몬스(Robert Emmons) 박사는 192명의 대학생을 대상으로 감사의 효과에 대

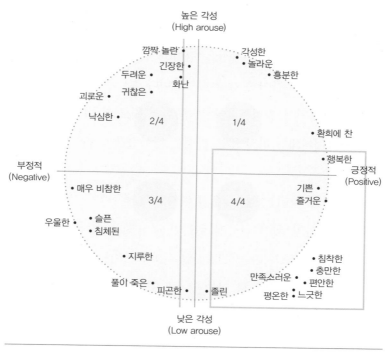

감정 원형 모형 사분면

하여 알아보았습니다. 그 결과 감사 일기를 쓰는 학생이 삶을 긍정적으로 수용하고 행복 지수도 높게 나타났습니다. 그뿐만 아니라 감사는 우리를 더욱 건강하게 해 준다는 것을 증명했습니다. 감사를 자주 느끼는 사람은 그렇지 않은 사람에 비해 질병에 잘 걸리지 않고, 걸려도 빠르게 회복이 된다고 주장하고 있습니다.

또, 광주여자대학교 김경화 교수는 감사 노트 작성이 대학생의 행복감에 미치는 영향에 대해서 알아보았습니다. 감사 노트를 작성한 실험 집단 65명과 그렇지 않은 비교 집단 63명을 대상으로 행복감에 대한 사전·사후 검사를 해보았습니다. 결과는 어떻게 되었을까요? 감사 노트 작성을 경험한 실험집단이 그렇지 않은 집단에 비해 행복감이 증가했다고 합니다.

결국 4사분면의 감정을 늘리는 핵심 키워드는 '감사'입니다. 사랑하는 아이에게 욱하지 않는 방법은 감사량을 늘리는 일입니다.

이제 감사를 늘리는 일이 '감정 디자인'의 핵심임을 알게 되었습니다. 뇌 과학의 최신 연구에 의하면 감사를 표현하면 뇌하수체 후엽에서 옥시토신이라는 신경전달물질이 분비된다고 합니다. 이 옥시토신은 전전두엽으로 이동합니다. 이곳에 도착한 옥시토신은 전전두엽 피질의 모든 부분에 영향을 줍니다. 옥시토신이 전전두엽 피질에 영향을 미치면 어떻게 될까요?

옥시토신은 아기를 낳을 때 자궁에 있는 근육을 수축시켜 고통을 줄이고 분만이 쉽게 이루어지게 하는 호르몬입니다. 물론 출산 시에만 분비되는 것은 아닙니다. 누군가를 안거나 친밀한 관계를 맺어도 분비되어 기분을 진정시키고 행복감을 느끼게 합니다. 한마디로 옥시토신은 행복 호르몬인 셈입니다. 이 호르몬이 뇌의 전전두엽에 피질에 도착하면 스트레스를 줄여 주어 행복을 느끼게 됩니다. '감사'가 옥시토신 호르몬인 셈입니다. 이런 이유로 미국 마이애미대학교 심리학 교수 마이클 맥클로우(Michael McCullough)는 "잠깐이라도 멈추어서 나에게 주어진 감사함을 생각해 보라. 나의 감정 시스템은 이미 두려움에서 탈출해 아주 좋은 상태로 이동하고 있다."고 말합니다.

감사가 옥시토신이고, 감사가 행복입니다. 감사의 기록만 늘리면 누구나 행복해질 수 있습니다. 감사는 뇌에 어떻게 기록이 될까요? 감사가 뇌에 기록되는 방식을 이해하면, 감사의 양을 늘리는 방법을 쉽게 찾겠지요. 남편이나 자녀, 친구에게 고마웠던 일 하나를 떠올리면 됩니다. 어떤 일이 떠오르나요? 저는 어제 아내와 전화로 나누었던 이야기가 생각납니다. 아내는 병설 유치원 교사입니다. 신학기가 되어서 힘들었는지 입에 뾰루지가 났다고 이야기했습니다. 그러면서 저녁에 먹고 싶은 것을 물어보았습니다. 전화를 끊고 한참을 생각했습니다. 몸이 힘들어도 고운 마음씨를 보여 주는 아내가 사랑스럽고 고마웠습니다. 아내에게 좀 더 잘하자고 다짐을 했습니다.

우리는 이런 일을 경험이라고 이야기합니다. 그 경험은 머릿속 어디엔가 기록되어 있겠지요. 지금 저도 머릿속에 기록된 내용을 꺼내어 글로 쓰고 있습니다. 기록의 방식에는 2가지를 생각해 볼 수 있습니다. 먼저 일기와 같은 방식입니다. 머릿속에 날짜별로 방이 만들어져 매일 기록되는 것입니다. 예를 들어 3월 12일이라는 가지에는 3월 12일에 일어난 모든 일이 기록이 됩니다.

다음으로 생각해 볼 수 있는 것이 주제형 방식입니다. 주제별로 가지가 만들어져 기록되는 방식입니다. 예를 들어 '아내'라는 주제에는 아내와 관련된 모든 기록이 들어 있습니다. '자녀'라는 주제에는 자녀와 관련된 모든 경험이 기록되어 있습니다. 2가지 방식 중 뇌 과학자들의 지지는 어느 쪽이 받고 있을까요? 정답은 후자입니다. 우리가 일상에서 경험하는 것은 주제로 머릿속에 저장이 된다고 합니다.

캘리포니아대학교 신경학과 교수 갤런트(Jack Gallant)는 뇌가 경험을 어디에 저장하고 인출하는지 보여 주는 지도를 만들어 공개했습니다. 예를 들어 '남편'이라는 주제에는 남편과 관련된 일련의 경험이 기록되어 있습니다. 첫 만남, 데이트, 연애편지, 결혼식 등 남편과 관련된 경험이 그물처럼 서로 연결되어 있습니다.

이를 좀 더 쉽게 설명해 볼까요? 우리의 머릿속에는 수백 개의 방이 있습니다. 방문 앞에는 어떤 이름이 적혀져 있습니다. 그 이름이 주제입니다. 가족이라는 주제에는 가족과 관련된 모든 것들이 기록되어 있습니다. 수학이라는 주제에는 수학과 관련된 모든 것이 기록되어 있겠지요. 감사도 마찬가지입니다. 나의 머릿속에는 감사라는 이름을 가진 방이 존재하고 그 방에는 내가 경험한 모든 감사가 기록되어 있습니다.

나의 머릿속에 있는 감사라는 방문을 열어 볼까요? 이곳에는 내가 살아오면서 경험한 모든 감사가 들어 있습니다. 감사가 방에 꽉 들어차 있나요? 아니면 텅 빈 창고인가요? 이제 내가 욱했던 이유를 알 수 있습니다. 감사 방에 '감사'가 적어서입니다.

감사의 임계점을 돌파하라

감사라는 방이 얼마나 커져야 '욱'이 사라질까요? 저는 우울증을 겪고 있는 여성의 이야기를 듣게 되었습니다. 독서회 모임에서 만난 분인데, 약물과 심리치료를 병행하고 있었습니다. 뜻밖에 감사 글쓰기에 대해서 이야기를 나누게 되었습니다. 담당 의사 선생님이 치료의 방법으로 감사 글쓰기를 권했다고 합니다. 의사 선생님은 하루에 감사 거리 3개를 찾아서 기록하라 했고, 1년 동안 열심히 감사 글쓰기를 작성했습니다. 이분은 감사 글쓰기가 효과가 없었다고 말했습니다. 장기간에 걸쳐 감사 글쓰기를 썼지만, 우울증 개선에 도움을 받지 못했답니다.

이분의 감사 글쓰기를 좀 볼 수 있겠느냐 물어 꼼꼼히 읽어 보았습니다. 2가지 문제점이 나타났습니다. 첫째는 감사의 양이 부족하다는 사실입니다. 하루에 3개씩, 365일을 작성하면 감사 거리는 1,095개가 됩니다. 1,095개의 감사 거리를 적었다고 해서 우울증이 쉽게 개선될 수 없습니다. 우리가 1년 동안 하루에 수학 문제 3개씩을 풀었다고 가정을 해봅시다. 수학을 잘하게 될까요? 아니라는 사실은 초등학생도 잘 알고 있습니다. 이분은 감사의 양이 부족해서 슬픔의 양이 줄어들지 않았다고 보아야 합니다. 우울증이 개선되기 위해서는 일정한 임계점을 지나야 합니다. 임계점은 수증기를 생각하면 쉽게 이해할 수 있습니다. 물은 99℃에서는 아무런 변화가 없지만 100℃가 되면 수증기로 변합니다. 물이 수증기가 되는 임계점은 100℃인 것입니다. 마찬가지로 감사의 양이 임계점을 넘으면 우울증이 개선될 수 있는 것입니다.

이분에게 가족이나 친구와 함께 쓰는 감사 글쓰기를 권했습니다. 4명의 가족이 하루에 3개씩 감사 글쓰기를 쓴다면 4,380개입니다. 친구 8명이 감사 글쓰기를 쓰면 8,760개입니다. 감사의 양이 획기적으로 늘어나면서 임계점에 쉽게 도달할 수 있습니다.

다른 사람의 감사 글쓰기도 당연히 효과가 있습니다. 저는 이분에게 '치킨 한 접시'라는 뉴스 기사를 읽어 보라 권했습니다. 거리를 헤매던 고아 형제에게 치킨 한 접시를 선물한 어느 사장님의 선행 이야기입니다. 여러분도 잠시 책 읽기를 멈추고, 인터넷 검색창에서 '치킨 한 접시'를 찾아보세요. 나의 마음을 들여다보면 가슴 깊은 곳에서 따뜻한 감정이 몽글몽글 피어오릅니다. 다른 사람의 선행 이야기가 감정을 감사로 물들이고 있습니다. 감사도 여럿이 해야 합니다. 다른 사람의 감사 거리를 읽다 보면, 나의 감사량은 분명히 증가합니다.

두 번째 문제점은 '감사 문장'이었습니다. 이분은 다음과 같이 감사를 기록했습니다.

― 날씨가 화창해서 감사하다.

― 친구가 전화를 주어서 감사하다.

이 문장들은 초등학교 2학년 수준이면 누구나 작성할 수 있습니다. 이 문장들은 2×2=4라는 구구단과 같습니다. 2×2에 대한 답이 4라는 것을 이해한다고 해서 수학을 잘할 수는 없습니다. 어려운 문제에 대해서 고민하는 시간의 양만큼 수학 실력이 높아집니다. 이처럼 뇌의 고민 시간을 늘려 주어야 감사량이 늘어납니다. 나의 뇌가 감사에 대해서 깊이 고민하는 시간을 늘리기 위해서는 문장의 수를 늘려야 합니다. 앞선 예시를 다음과 같이 바꾸어 보겠습니다.

― 날씨가 화창합니다. 맑은 하늘의 햇살이 눈부십니다. 봄바람도 신나서 살랑살랑 불어옵니다. 이런 예쁜 자연에서 살 수 있어서 감사합니다.

_ 친구에게 전화가 왔습니다. 친구의 목소리엔 걱정이 가득 담겨있습니다. 나의 건강을 염려해 줍니다. 이런 친구가 있어서 행복합니다. 친구에게 감사합니다.

감사의 양을 증가시키는 방법은 두 가지가 있습니다. 첫 번째는 감사 거리입니다. 감사 거리를 많이 찾을수록 감사의 양이 증가합니다. 이런 이유로 혼자보다는 가족, 친구와 함께하는 감사 글쓰기가 좋습니다. 다음으로 감사 문장의 수는 3개 이상이 효과적입니다. 감사에 대해 여러 문장으로 표현하면, 고민의 시간이 그만큼 늘어납니다. 당연히 감사의 양도 증가합니다. 이것을 다음과 같은 공식으로 나타낼 수 있습니다.

> **감사 임계점 : 감사 거리 × 감사 문장 수**

감사의 양이 임계점을 돌파하는 순간 욱은 살며시 어디론가 꼬리를 감춥니다. 다만 사람마다 감사 임계점이 다를 수 있습니다. 어린 시절 훌륭한 부모님을 만나 감사의 파이가 큰 사람일수록 조금만 노력해도 감사 임계점을 쉽게 돌파할 수 있을 것입니다.

감사가 곧 행복이다

임계점에 관한 이야기를 좀 더 해 보자면, 저는 이 책을 포함해 3권의 책을 출간했습니다. 사실 책 출간을 하게 될 줄은 꿈에도 몰랐습니다. 작가가 꿈도 아니었고, 글을 쓰는 능력도 보통이었습니다. 그런데 어떻게 3권의 책을 쓰게 되었을까요? 저는 5년전 지금 학교의 교장으로 오게 되었습니다. 발령 난 학교의 교육적 여건은 매우 열악했습니다. 학교와 학부모를 이어주는 소통의 공간이 필요했고, '꿈知樂'이라는 커뮤니티를 만들게 되었습니다. '꿈知樂'은 '배움이 즐거워야 꿈이 이루어진다'는 우리 학교의 교육 목표입니다. 그때부터 커뮤니티에 일주일에 2회 정도 글을 올리기 시작했습니다. 그렇게 2년이 지났을 무렵, 어느 선생님이 커뮤니티의 글을 책으로 내보면 어떻겠느냐 제안했습니다. 이렇게 해서 저는 책을 출판하게 되었습니다. 이처럼 글쓰기에 소질이 없었던 사람도 책을 출판했고, 지금은 글을 잘 쓴다는 소리를 듣고 있습니다. 글쓰기에 대한 임계점을 돌파한 것입니다.

'양이 질을 결정한다'라는 말은 글쓰기에도 적용되고, 감사에도 적용됩니다. 감사의 양이 많아져서 임계점을 돌파하는 순간 인생의 큰 변화를 맞이할 수 있습니다. 첫 번째는 성격의 변화입니다. 심리학에서는 개방성, 성실성, 외향성, 친화성, 신경증 이 5가지를 사람의 성격 특성으로 이야기하고 있습니다. 감사의 부피가 늘어나면 가장 달라지는 성격 특성은 신경증입니다.

신경증은 즉각적 반응자와 느긋한 반응자로 나눌 수 있습니다. 즉각적 반응자는 쉽게 흥분하며 걱정이 많고 신경질적입니다. 느긋한 반응자는 침착하며 안정적이고 합리적인 성격입니다. 감사의 양이 증가하면 즉각적 반응자가 느긋한 반응자로 성격이 변모합니다. 우리가 흔히 이야기하는 충동적이고 다혈질의 사람이 온순하고 부드러운 성격의 소유자로 변하는 것입니다.

당신은 어떤 성격을 가지고 있나요? 부드럽고 온순한가요? 아니면 욱하는 다혈질인가요? 얼마 전, 연구회 회원 중 20여 년을 같이 활동해 온 선생님을 만났습니다. 그 선생님은 제가 세모에서 조약돌이 되었다고 말합니다. 무슨 말이냐고 묻자, 과거에는 세모처럼 날카로웠는데 지금은 조약돌처럼 부드러워졌다는 것입니다. 부끄럽지만 저도 다혈질이었습니다. 저와 생각이 다르면 쉽게 욱하고 후회를 했습니다. 상대에게 미안하고, 스스로가 바보 같아서 잠을 이루지 못했습니다. 저는 현재 계곡 중류의 모가 난 조약돌입니다. 좀 더 감사를 늘려 계곡 하류의 반들반들한 조약돌이 되고자 합니다.

학교에서 회의를 관찰하고 있으면 선생님의 유형이 나뉩니다. 우선 공격적인 선생님들입니다. 회의 시간에 질문도 많고, 자기주장이 강한 유형입니다. 다음은 겸손한 선생님입니다. 이런 유형의 선생님들은 갈등을 매우 싫어합니다. 다른 사람의 의견에 귀 기울이고, 팀플레이에 아주 능합니다.

감사가 늘어나면 겸손의 양이 증가합니다. 당연히 공격적인 모습도 사라집니다. 2사분면의 '긴장, 두려운, 화난' 등의 감정 부피가 크다 보면 누구나 공격적인 사람이 되지만, 감사가 늘어나면 4사분면의 '행복한, 충만한, 침착한'의 감정 부피가 늘어나면서 겸손한 사람이 되는 것입니다.

여러분의 인생에서 가장 큰 변화는 무엇인가요? 아마 취업, 결혼, 출산 등의 단어를 떠올릴 것입니다. 저도 똑같지만 한 가지를 더 추가한다면 '감사'입니다. '감사'가 저의 성격을 바꾸어 놓았습니다. 감사가 쌓여갈수록 행복의 물결이 일어납니다. 가족, 동료, 자연에서 감사를 찾다 보면, '욱'은 더 이상 존재하지 않습니다.

제가 운영하는 감사 카페에 학부모가 '감사'를 주제로 쓴 시가 있습니다. 잠시 감상해 보세요.

감사

아침부터 감사가 놀잔다
나 찾아봐, 어디 숨어 있니?
요 요 장난꾸러기 감사는
오늘도 나에게 슬슬 장난을 건다
숨었다 나오기를 반복하네
맞장구쳐주는 나에게 도전을 해

너를 찾아주겠어!
아니 내 사랑으로 만들겠어
그래야 자주 나타날 것 아니니
맞지? 내 말
감사야! 감사야! 이리 와
내가 널 아끼고 사랑한단다
너랑 나랑 식구 하자

그·러·기·를
반복하니 행복이 옆에서 웃고 있어

언제 왔지?
감사 너는 알았어?
그랬구나. 너네는 이미 아는 사이구나

그래, 그래서 내가
백번 양보해서 생각해 보니
감사를 사랑하면 감사가 더 잘 보이네
감사가 나에게 오면 행복도
어느새 함께 와 있어

그건
감사와 행복은 한집에 같이 살거든
감사와 행복은 원래 하나였거든
혹시 쌓였던 감사가 잠시 진다고 해도
흩날리며 가슴에 다시 내려올 거야
행복과 함께

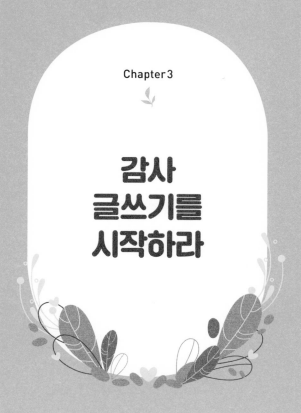

Chapter 3

감사
글쓰기를
시작하라

21일, 감사 습관화 법칙

2년 전 저의 책이 세상에 얼굴을 드러냈습니다. 이 책을 한 문장으로 요약하면 '엄마의 감정 온도가 낮아지면 아이도 그렇게 된다'는 것입니다. 이 책에서는 엄마의 감정 온도를 낮추기 위한 여러 가지 방법들을 제시했습니다. 아이를 귀한 손님으로 바라보기, 감정 토닥이기, 의식 돋보기로 감정을 들여다보기 등입니다. 이 원고는 《아이를 위한 감정의 온도》라는 제목으로 출간되었습니다. 책이 출간되어 많은 사랑을 받았지만, '이 책을 읽으면 정말 감정 온도가 내려갈까?'라는 걱정이 머릿속에서 떠나지 않았습니다. 책에서 제시하는 방법을 자신의 습관으로 만들 수만 있다면 감정 온도는 분명히 내릴 수 있다고 확신합니다. 하지만 '책에서 제시하는 방법을 습관으로 만들 수 있는 사람이 몇 명이나 될까?'라는 의구심이 떠나지 않았습니다.

어떤 독자가 《아이를 위한 감정의 온도》 서평에 적은 것처럼, 이 책은 감정에 관한 개론서였습니다. 감정을 뇌 과학의 관점에서 이해하기 쉽게 집필이 되었고, 감정 온도를 낮출 수 있는 여러 가지 방법이 제시되어 있습니다. 하지만 우리가 잘 알고 있는 사실이 있습니다. 아무리 좋은 방법이라도 행동으로 실천하는 것은 어렵다는 점과, 수많은 육아서를 읽고 또 읽어도 나의 말과 행동이 습관으로 변하기 어렵다는 점입니다.

이때부터 고민이 시작되었습니다. 아이를 귀한 손님으로 바라보기, 불편한 감정을 토닥이기, 의식 돋보기로 감정을 들여다보기 등을 하나로 통합할 수 있는 새로운 방법을 찾기 시작했습니다. 낱개로 흩어진 방법들의 본질을 찾아 통합하여 하나의 방법으로 제시하고 싶었습니다. 마치 구구단과 같습니다. 구구단을 알면 곱셈, 나눗셈이 쉬워집니다. 감정 온도를 낮출 수 있는 구구단도 분명 존재한다고 생각했습니다. 감정 구구단을 찾아내고, 그 구구단을 습관으로 만들어 낼 수 있는 프로그램을 만들고 싶었습니다. 이때 만난 단어가 '감사'였습니다. 감사 활동은 만족, 평온, 침착 등의 유쾌 감정 영역을 넓혀줍니다. 긍정적 영역이 넓어지면 감정 총량 법칙에 따라 화, 비참, 우울 등의 불쾌 감정 영역이 줄어듭니다.

감사가 유쾌한 감정 영역을 정말 넓힐 수 있을지 확인하기 위해 SNS에 '감정 디자이너'라는 방을 개설하고, 선생님을 대상으로 감사를 나눌 희망자를 모집했습니다. 그분들과 감사 글쓰기 나눔이 시작되었습니다. 감사 글쓰기 나눔 기간은 존 맥스웰의 21일 법칙을 따랐습니다. 그는 저서 '성공의 법칙'에서 사람이 습관을 만들려면 최소 21일은 걸린다고 주장했습니다. 이후 많은 심리학자와 의학자의 연구를 통해 체계화된 이론입니다. 감사 글쓰기 작성은 '대문'과 '댓글'로 이루어졌습니다. 대문은 하루의 감사 글쓰기 시작을 알리는 글로, 감사 글쓰기의 리더인 제가 작성했습니다. 아래는 감사 글쓰기 3일 차의 대문입니다.

2020년 7월 3일 감사 글쓰기 3회

자동차 운전대를 보면서 잠시 생각합니다. 운전대를 움직이는 것은 사람이지만 사람을 움직이는 것은 감정입니다. 사람을 움직이는 것을 이성이라고 배워왔지만, 그 이성은 감정에 색칠되어 있습니다. 감정으로 너를 보고 나를 봅니다. 감정으로 이웃과 사회를 바라봅니다. 감정은 내 인생 방향의 열쇠를 쥐고 있는 셈입니다. 우리는 지금 감사라는 감정으로 세상을 바라보는 눈을 만들고 있습니다. 감사합니다. 사랑합니다.

우리의 일상은 대문을 여는 것으로 시작합니다. 카페도 그렇고, 집도 마찬가지입니다. 대문을 열었을 때 누군가 반갑게 맞아 주면 기쁘겠지요. 감사 글쓰기에서도 마찬가지입니다. 감사 글쓰기에서 '대문'은 하이라이트입니다. 대문의 질에 따라 그날 감사의 수준이 달라집니다. 영혼을 열어 주는 대문에는 반드시 감동이 있는 감사 글쓰기가 작성됩니다.

대문은 몇 가지를 유념하여 작성해야 합니다. 우선 응원의 대문이 필요합니다. 감사 글쓰기 작성은 마라톤과 비슷합니다. 21일 동안 하루에 3~5개의 글을 쓰는 것은 지루하며 고단한 일입니다. 특히 인내력이 부족한 아이에게는 더욱 힘든 일이겠지요. 잘할 수 있다는, 이겨 내자는 응원의 메시지를 보내 주어야 합니다.

'대문' 작성은 감정과 관련된 내용이면 더 바람직합니다. 우리는 감사를 왜 해야 하며, 감사를 했을 때 나를 비롯한 우리 가족이 어떻게 달라질 수 있는지를 알려 주어야 합니다. 다만 어려운 점은 감정에 관련된 리더의 지식 부족입니다. 이런 생각으로 이 장 뒷부분에 '우리 가족 감사 여행' 대문을 만들었습니다. 자신의 가정에 맞게 수정해서 사용할 수 있겠지요.

마지막으로 리더는 페이스메이커가 되어야 합니다. 마라톤에는 페이스메이커가 존재합니다. 비바람을 앞장서서 맞아가며 선수를 이끌어 줍니다. 마찬가지로 리더가 앞장서서 감사 글쓰기를 이끌어 가야 합니다. 대문을 열고, 제일 먼저 댓글로 감사 글쓰기를 작성해야 합니다. 여기서 주의할 점은 리더의 댓글을 모방한다는 것입니다. 리더의 세련된 감사 글쓰기가 필요합니다.

이러한 기본적인 생각을 바탕으로 21일 동안 선생님들과 감사 글쓰기를 나누었습니다. 선생님들은 어떻게 변하셨을까요? 선생님들의 소감 중 일부를 소개해 보겠습니다.

― 머리로 시작했던 일이 가슴으로 끝이 났습니다. 당연하게 누렸던 것들의 소중함과 감사함을 알게 된 시간이었습니다.

― 아들 둘을 키우느라 힘들다고 생각했습니다. 하지만 감사 글쓰기를 통해서 아들들이 저를 성장시키고 있음을 알게 되었습니다. 중요한 걸 알게 해준 감사 글쓰기에 감사합니다.

― 자음 'ㄱ'을 입력하니 '감사합니다'라는 낱말이 제일 먼저 자동 완성되어 나타납니다. 감사 글쓰기를 쓰는 지난 시간 동안 그 어떤 말보다 '감사합니다'라는 말을 많이 사용했음에 뿌듯함을 느낍니다. 감사합니다.

엄마는 감정 디자이너

선생님들과 감사 글쓰기를 나누면서 '감사'가 감정 온도를 낮추는 방법임을 분명하게 깨달을 수 있었습니다. 감사 글쓰기의 횟수가 늘어나면서 선생님들의 글에서 많이 나타난 단어는 '행복'이었습니다. 감사 글쓰기를 하다 보니 자신도 모르게 행복을 느끼고 있는 것입니다. 이것은 선생님들의 뇌 기억 시스템에서 감사의 양이 증가하면서 불안, 긴장이 줄어들었기 때문입니다.

학부모를 대상으로도 '감사 글쓰기'의 효과에 대해서 알아보고 싶었습니다. '엄마는 감정 디자이너'라는 SNS를 개설했습니다. 우리 학교 학부모를 대상으로 '엄마는 감정 디자이너' 1기, 2기, 3기를 운영했고, 외부 강의를 하면서 참가했던 학부모를 대상으로도 감사 글쓰기를 진행하였습니다.

어느 감사 모임이나 공통점이 발견됩니다. 첫 번째는 누구나 시작이 어렵다는 것입니다. 감사 글쓰기 안내문을 보냈을 때, 머뭇거리는 엄마들이 많았습니다. 글쓰기에 자신이 없다는 것입니다. 감사 글쓰기는 나누고 싶은데, 부족한 글솜씨 때문에 참여하기를 망설입니다. 글쓰기 능력과 크게 상관이 없다는 말씀을 드려도 망설임은 없어지지 않습니다. 두 번째는 망설임을 극복하고 감사 글쓰기를 시작하는 엄마들입니다. 감사 글쓰기를 시작하면 멈추는 일이 없습니다. 감사 글쓰기를 운영하면서 중간에 멈춘 엄마의 사례는 찾아보기 힘듭니다. 처음에는 '글쓰기가 안 되는데 포기할까?'라는 생각이 들다가도 가족을 생각하는 마음에 그만둘 수 없었답니다. 세 번째 공통점은 '중독'입니다. 감사 글쓰기는 중독성이 강합니다. 1기 감사 글쓰기 참여자들은 2기, 3기에도 참여하였고, 지금도 감사 카페에서 활동하고 있습니다. 감사 글쓰기가 어떤 중독을 일으킬까요? 바로 '행복'입니다. 감사 글쓰기를 하다 보면 자신을 좋아하게 되고 아이와 남편을 더 사랑하게 됩니다. 감사 글쓰기가 행복의 보약입니다.

함께 감사 글쓰기를 나누었던 어느 엄마의 이야기입니다. 이분은 저녁 식사 후에 감사 글쓰기를 했다고 합니다. 그 모습을 아이와 남편이 보았을 것입니다. 언젠가부터 남편이 먼저 감사 글쓰기를 했냐는 질문을 했다고 합니다. 그리고는 "설거지는 내가 할게. 감사 글쓰기 하세요"라며 가사에 관심 없던 남편이 달라지기 시작했답니다. 그날 이후 아내가 감사 글쓰기를 쓰는 시간에 매일 설거지하는 남편을 볼 수 있었습니다.

엄마들의 감사 글쓰기 사례를 살펴보겠습니다. 감사 글쓰기를 나누면서 엄마들은 어떻게 변해갈까요? 아래는 '엄마는 감정 디자이너 1기' 첫째 날의 감사 글쓰기 일부입니다.

_ 코로나로 여름방학을 제대로 즐기지 못하지만, 불평, 불만 없이 잘 버텨주는 우리 집 아이들에게 감사합니다.

_ 시골 어머님께서 고구마 줄기를 끊어 주셨습니다. 줄기 껍질을 벗기며 더운 날 고생하시는 어머님 생각에 감사했습니다.

감사 글쓰기 10일째의 내용입니다.

_ 태풍 때문에 시부모님께 전화하려는 순간, 시어머님께서 먼저 전화 주시네요. 잠깐의 타이밍을 놓쳤습니다. 왠지 죄송해지는 마음입니다. 자식, 손주들 걱정에 늘 마음 써 주시고 먼저 챙겨 주시는 부모님 감사합니다.

_ 저는 날마다 물을 끓여 먹습니다. 제가 정수기 물을 좋아하지 않기 때문이죠. 더구나 아이들이 비염이 있기에 몇 년째 거의 작두콩

차를 끓여 먹고 있습니다. 작두콩 차가 정말 효과 있더군요. 아이들 비염도 잡아준 작두콩 차가 고맙습니다.

어떤 차이가 보이나요? 엄마들의 글솜씨가 달라졌습니다. 처음에는 한 문장으로 시작했는데, 10일 만에 3~4개로 문장 개수가 늘었습니다. 어떻게 된 일일까? 엄마들에게 질문을 하니, 감사를 더 느끼기 위해서 문장 개수가 늘어난다고 대답하셨습니다. 감사의 양이 증가한 것입니다.

21일이 지나면 엄마들은 어떻게 변화될까요? 우리 학교 1학년 학생 엄마의 소감입니다.

_ 처음엔, 좋은 감정은 마음만 가지고 있고, 실천에 옮기기 매번 실패했던 시절이었습니다. 나태함도 있고, 부정적인 감정도 있었습니다. 그대로 아이들에게 전달되는 게 느껴졌습니다. 머리로는 아는데 실천에 옮기는 게 여간 쉽지 않은 일이었습니다. 그런데 감사 글쓰기를 작성하면서 하나, 둘 달라지기 시작했습니다.
우선 시각이 달라졌습니다. 특히 아이를 보는 시각이 달라졌습니다. 가끔 아이들이 되어 봅니다. 내가 아이라고 생각하고 엄마를 바라봅니다. 이런 경험이 늘어나면서 아이와 사이가 좋아지기 시작했습니다. 사소한 일에도 웃음꽃이 피워지고, 이야기가 많아지기 시작했습니다.

감사 글쓰기가 나의 몸을 일으켜 세웠습니다. 마음만 먹던 일들이, 생각으로만 그치던 일들이 시동을 걸기 시작합니다. 그러면서 문득 이런 깨달음을 주었습니다. '세상에서 가장 바꾸기 힘든 것도, 가장 바꾸기 쉬운 것도 '나 자신'이란 걸 알게 되었습니다. 감사 글쓰기에 나의 자리를 내어 주니 행복이 '안녕'하며 둥지를 틀기 시작했습니다.

이분의 글을 읽어 보면 감사 글쓰기를 왜 해야 하는지 길게 설명할 필요가 없습니다. 감사는 게을러진 나의 신체를 힘차게 일으켜 세우고, 날카로워진 나의 감정을 부드럽게 이완시키며, 잡념으로 가득 찬 머릿속에 신선한 공기를 제공합니다. 가족의 행복을 위해서, 아이들의 바른 성장을 위해서, 아름다운 사회를 만들기 위해서 감사 글쓰기가 최고의 방법입니다.

감사의 4가지 원리

지난 몇 년은 감정을 공부하는 시간이었습니다. '부정적 감정을 줄이고 긍정적 감정을 늘리기 위해서 어떻게 해야 할까?'라는 주제가 머릿속을 지배했습니다. 비행기가 지나간 자리에 생기는 하얀색 구름처럼 '감정'은 저의 일상을 따라다녔습니다. 뇌 과학, 문화인류학, 심리학 등의 저서를 끊임없이 탐독하고 사람들의 일상을 살폈습니다. 제 도달한 결론은 감사의 양과 긍정적 감정은 정비례한다는 것이었습니다.

감사의 양을 늘리기 위한 여러 가지 방법을 찾아보았습니다. 아이들과 교직원의 감사 양을 늘리기 위해서 인사말을 바꾸었습니다. '안녕하세요'라는 인사말을 '감사합니다, 사랑합니다'로 바꾸었습니다. 감사 수첩을 만들어 가정에 배부하고, 감사할 일을 기록하게 했습니다. 아이들과 교실에서 감사에 관련된 수업을 진행하거나 학부모에게 SNS를 통해서 감사 이야기를 들려 주었습니다. 하지만 생각만큼 아이들과 엄마들은 긍정적으로 변하지 않았습니다. 인터넷에서 '감사'를 검색하면 여러 가지 성공과 실패 사례들을 볼 수 있습니다. 결국 감사량이 문제였습니다. 감사의 양이 일정한 정도까지 늘어나지 않으면 긍정적으로 변하게 할 수 없다는 것입니다. 감사도 운동이나 악기 연습처럼 일정한 훈련의 시간이 필요함을 깨달을 수 있었습니다.

'어떻게 하면 단기간에 감사의 양을 늘릴 수 있을까?'라는 고민으로 교직원, 학부모들을 대상으로 여러 가지 방법을 시도해 보았습니다. 그러한 과정 중에서 감사의 양을 늘리는 원리를 몇 가지 찾아낼 수 있었습니다.

감사의 원리 1
기록해야 감사가 늘어난다

첫 번째는 기록입니다. 여러 사람이 참여하여 감사를 기록하면 그 양이 쉽게 늘어납니다. 기록하면 감사의 양이 늘어나는 이유는 무엇일까요? 공부나 살림을 생각해 보면 그 답을 쉽게 찾을 수 있습니다. 공부 잘하는 아이들의 공통점은 노트 정리를 잘한다는 것입니다. 노트 정리의 수준에 따라 실력이 정비례합니다. 살림 잘하는 사람도 마찬가지입니다. 꼼꼼하게 가계부를 매일 기

록합니다. 왜 적어야 할까요? 뇌의 효율성 때문입니다. 공부를 잘하는 것도 뇌의 효율성입니다, 감사의 양이 느는 것도 마찬가지입니다. 뇌를 효율적으로 사용해야 합니다. 그 방법의 비밀은 어디에 있을까요? 적는 것입니다. 이유는 신경망에 있습니다. 뇌는 신경망을 통하여 손과 밀접하게 연결되어 있기 때문입니다.

호문쿨루스(Homunculus)

이 사진을 어디에선가 보셨을 것입니다. 캐나다의 신경외과의사 와일더 펜필드(Wilder Penfield)의 호문쿨루스(Homunculus)입니다. 우리 몸의 각 신체 부위가 뇌와 얼마만큼 연관이 되어 있는지를 크기로 나타낸 사진입니다. 크게 그려진 기관일수록 관여하는 수준이 높다는 것을 나타냅니다. 손의 크기를 보셨나요? 손으로 기록하면 공부도 잘하고, 감사의 양도 느는 이유입니다.

감정 공부를 병행한다

감정 공부를 병행하면 매우 효과적입니다. 필자는 감사 글쓰기 기록을 두 가지 방법으로 운영해 보았습니다. 하나는 감사 글쓰기 대문을 일상 이야기로 시작하는 방법입니다. 다른 하나는 감사 글쓰기 대문에 감정과 관련된 여러 가지 지식을 알려주면서 운영하는 방법입니다.

'원리를 알면 배움이 즐겁다'라는 원칙이 감사 글쓰기에서도 적용됨을 알 수 있었습니다. 감정이란 무엇인가? 감정은 어떻게 만들어지는가? 감정도 습관일까? 핵심 감정이란 무엇인가? 생각과 감정은 어떤 관계가 있을까? 등을 매일 감사 글쓰기 대문에 제시했습니다. 이러한 감정 공부를 통해서 감정도 하나의 습관임을 이해하게 되었고, 감사라는 새로운 습관을 만들기 위한 참여자들의 의지도 높여 주었습니다.

감사를 자세히 기술한다

자세히 기술하다 보면 감사의 양이 늘어납니다. 예를 들어 '김치찌개를 만들어 주신 엄마에게 감사하다'보다는 '아침에 엄마가 김치찌개를 만들어 주셨다. 너무 맛있어서 한 그릇 가득 먹었다. 힘들어도 김치찌개를 만들어 주신 엄마에게 감사하다'처럼 자세하게 감사를 기록하게 하는 방법입니다. 물론 하나의 상황을 여러 문장으로 기록하려면 분명 힘이 드는 것도 사실입니다.

반면 이러한 방법은 관찰력을 높이는 데에는 매우 효과적입니다. 하나의 상황을 여러 문장으로 표현하기 위해서는 자세한 관찰이 필요합니다. 엄마의 행동, 표정, 향기 등을 관찰해야 3~5개의 문장으로 감사 글쓰기를 쓸 수 있습니다. 이러한 글쓰기가 반복되다 보면 자연히 관찰력은 높아집니다.

감사의 원리 4
혼자보다는 둘, 둘보다는 셋

참여자의 수도 중요합니다. 혼자보다는 둘이, 둘보다는 셋이 참여하면 더 바람직합니다. 이유가 무엇일까요? 감사의 양이 늘기 위해서는 시각, 청각 등 나의 감각에 들어오는 감사의 양이 많아야 합니다. 감사 글쓰기는 혼자서 10개를 쓰는 것보다 4명이 5개씩 쓰는 것이 더 효과적입니다. 혼자 쓰면 하루에 10개지만, 4명이 5개씩 쓰면 20개가 됩니다. 나의 감사라는 열매 나무에 20개의 감사 열매가 열리는 것입니다.

또한 감사 글쓰기 회원 구성은 10명 내외가 바람직합니다. 그보다 수가 많으면 리더가 관리하기 어렵습니다. 감사 글쓰기를 하면 댓글로 응원도 해야 하고, 미참여 회원에게 문자 등으로 참여를 독려해야 합니다. 이 부분이 중요합니다. 누구나 습관을 만들기 위해서는 힘이 듭니다. 이때 리더의 격려가 있다면 어려움을 극복할 수 있겠지요.

감사 글쓰기를 하는 법

이제 감사 글쓰기에 대해서 구체적으로 배우도록 하겠습니다. 감사가 아무리 훌륭한 행복 도구라도, 글쓰기는 만만치 않습니다. 친구에게 문자 하나를 보내기 위해서도 고민을 해야 합니다. 가족과 감사 글쓰기를 나눈다는 것은 더 어렵겠지요. 하지만 우리는 작가가 되기 위해서 감사 글쓰기를 하는 것은 아닙니다. 몇 가지 글쓰기 원칙을 알게 되면 감사 글쓰기를 쉽게 할 수 있습니다.

> 감사 글쓰기 1
> ## 한 문장에 하나의 내용만 담는다

감사 글쓰기 첫 번째 원칙은 한 문장에 하나의 내용만 기록하는 것입니다. 다음 예시문을 살펴 주시기 바랍니다.

_ 예시 1 : 멋진 아들이 땀을 뻘뻘 흘리며 거실을 닦았고, 그런 아들에게 감사하다.

_ 예시 2 : 멋진 아들이 청소를 도와주었다. 땀을 뻘뻘 흘리며 방바닥을 닦았다. 그런 아들에게 감사하다.

예시 1의 글을 살펴볼까요? 한 문장에 2개의 내용이 있습니다. 첫째는 땀을 뻘뻘 흘리며 거실을 닦았고, 둘째는 감사하다는 내용입니다. 한 문장에 2개의 내용이 들어 있으면 읽기가 불편합니다. 3개의 내용은 어떠할까요? '멋진 아들이 땀을 뻘뻘 흘리며 열심히 방바닥 청소를 했고, 그런 아들에게 감사하다' 읽기가 편하신가요? 한 문장에 내용이 많아질수록 읽기가 불편합니다.

글을 잘 쓴다는 것은, 간결하게 쓰는 것입니다. 간결하게 쓰는 가장 쉬운 방법은 무엇일까요? 한 문장에 하나의 내용만 담는 것입니다. 예시 2번은 한 문장에 하나의 내용만 들어 있습니다. 리더가 한 문장에 하나의 내용만 담으면, 아이들도 금방 따라 합니다. 모든 사람은 모방의 천재이기 때문입니다. 글을 간결하게 작성하는 보다 구체적인 방법은 부록 '감사 글쓰기 연습'을 참고하시기 바랍니다.

중심 문장을 글의 맨 앞에 오도록 한다

감사 글쓰기에서 두 번째 원칙은 중심 문장을 글의 맨 앞에 두는 것입니다. 예시를 살펴볼까요?

_ ① 우리 학교 학생들과 감사 글쓰기를 시작했습니다. ② 이번 감사 글쓰기를 나눌 대상은 5학년 8명입니다. ③ 그들은 감사 수첩을 200회 이상 기록하여 감사패를 받았습니다. ④ 그들 마음에 감사가 가득 차기를 소망합니다. ⑤ 아울러 글쓰기 능력이 크게 향상되기를 소망합니다. ⑥ 감사 글쓰기를 함께 나눌 학생들에게 감사합니다.

제가 우리 학교 학생들과 감사 글쓰기를 시작하면서 적은 글입니다. 여기서 중심 문장은 '① 우리 학교 학생들과 감사 글쓰기를 시작했습니다.'이고, ②~⑤는 뒷받침 문장입니다. 마지막 ⑥은 감사 글쓰기이므로 감사로 마무리하는 문장입니다. 대개 중심 문장은 글의 맨 앞이나 중간, 마지막에 올 수도 있습니다.

중심 문장은 글의 주제입니다. 뒷받침 문장은 말 그대로 중심 문장을 설명하는 글입니다. 감사 글쓰기 시작은 중심 문장을 맨 앞에 두는 것이 좋습니다. 중심 문장이 가운데나 뒤로 가면 글이 어려워질 수 있습니다. 일단 중심 문장을 맨 앞에 쓰고, 중심 문장에 대해 떠오르는 생각을 자유롭게 작성합니다.

> 감사 글쓰기 3
> ## 3문장 감사 글쓰기로 시작한다

중심 문장, 뒷받침 문장으로 감사 글쓰기를 설명하면 아이들이 어려워합니다. 대신 중심 문장을 '감사할 대상', 뒷받침 문장을 '감사할 대상에 대한 설명'으로 지도하면 쉽게 이해합니다. 아래 예시글을 살펴볼까요?

_ 운동장 관람석이 바뀌었습니다. 관람석 위에 갈색의 친환경 데크를 입혔습니다. 공사를 진행하신 모든 분께 감사합니다.

이 예시글을 가지고 저학년 아이들에게 중심 문장, 뒷받침 문장으로 설명하면 이해에 어려움이 있겠지요. 대신 '첫 번째 문장은 감사할 대상을 적는다', '두 번째 문장은 감사할 대상을 설명한다', '세 번째 문장은 감사로 끝을 맺는다'처럼 설명하면 1, 2학년 아이들도 쉽게 감사 글을 작성합니다.

글쓰기의 핵심은 중심 문장과 뒷받침 문장의 자연스러운 연결입니다. 이 연결 능력이 길러지면서 글쓰기는 쉬워집니다. 이를 위해서 감사 글쓰기는 3문장으로 시작합니다. 첫 번째 문장은 '대상', 두 번째 문장은 '설명', 세 번째 문장은 감사로 끝을 맺습니다. 아래의 예시를 살펴보겠습니다.

— 감사는 행복의 보약입니다. 감사로 글쓰기는 지치지도 않습니다. 그런 감사에게 감사합니다.

위 감사 글쓰기의 대상은 '감사'입니다. 둘째 문장은 '감사'에 대한 설명입니다. 셋째 문장은 '감사'에 대해서 '감사'로 끝을 맺었습니다. '대상 + 설명 + 감사'로 이루어져 있습니다. 4문장의 감사 글쓰기는 어떻게 해야 할까요? 아래의 예시를 살펴보겠습니다.

— 학교의 소나무를 바라봅니다. 우리 아이들이 입혀준 뜨개옷 덕분일까요? 추운 겨울을 잘 이겨 내고 있습니다. 오늘도 잘 자라고 있는 '소나무' 감사합니다.

4문장의 감사 글쓰기는 '대상 + 설명 + 설명 + 감사'로 구성됩니다. 5문장 감사 글쓰기는 어떻게 할까요? 당연히 '대상 + 설명 + 설명 + 설명 + 감사'가 될 것입니다. 이처럼 작성하면 문장과 문장의 연결 능력도 좋아지고, 6문장, 7문장의 감사 글쓰기도 손쉽게 작성할 수 있습니다.

이 원칙들만 지키면 글쓰기가 쉬워집니다. 글이 간결해지고 읽기 쉬운 문장이 됩니다. 다만 글쓰기는 '양'과의 싸움입니다. 글쓰기 양만큼 실력도 늘어납니다. 글쓰기 비법에 대해 모든 작가가 하는 말이 있습니다. 바로, 많이 써 보는 것 외에는 특별한 방법이 없다는 것입니다.

감사 글쓰기 4
'나'에 대한 감사로 시작해서 가족, 이웃으로 확대한다

자 이제 감사 글쓰기를 시작해 볼까요? 누구에게 감사해야 할까요? 무엇에 감사해야 할까요? 제가 권하는 감사의 시작은 '자신'입니다. 아래의 예시글을 읽어 볼까요?

_ 나는 매일 감사 글쓰기를 아침에 쓴다. 4문장으로 감사 글쓰기를 매일 쓰고 있다. 열심히 감사 글쓰기를 쓰고 있는 내가 좋다. 나에게 감사하다.

_ 오늘은 동생을 기다려야 했다. 동생이 방송 댄스부 활동을 하는 사이 복도에서 기다렸다. 기다리는 건 인내심과 차분함이 있어야 한다. 동생을 기다려 준 나에게 감사하다.

나에 대한 감사는 숨바꼭질과 같습니다. 내가 술래가 되어 나의 기억 호수를 들여다보는 일입니다. 기억 호수에는 과거, 현재, 미래에 대한 나의 경험이 쌓여 있습니다. '잘했어, 잘하고 있어, 잘할 거야'라는 경험을 드러내야 합니다.

기억의 호수에서 나의 경험을 떠올려 볼까요? 읽던 책을 멈추고 잠시 눈을 감아보세요. '잘했어, 잘하고 있어'라는 경험에는 무엇이 떠오르나요? 눈을 뜨고 메모장을 펼쳐서 기록해 보세요. 20개 이상 적을 수 있나요? 그렇다면 당신은 자신을 사랑하는 사람입니다. 몇 개밖에 찾을 수 없나요? 그렇다면 기억이라는 호수에 자신에 대한 불평, 불만이 기록되어 있겠지요. 이런 사람은 타인과 비교하면서 고통을 받습니다. 나보다 좋은 직업을 가진 사람, 나보다 학벌이 높은 사람, 나보다 돈이 많은 사람을 끊임없이 동경합니다.

감사 글쓰기는 '나'로부터 시작해야 합니다. 기억 호수에서 긍정적 경험을 찾아야 합니다. 처음에는 찾기가 어렵지만, 현미경처럼 자세히 들여다보면 잘했던 일이 많습니다. 그 경험을 끄집어내서 감사로 마무리합니다. 나에 대한 감사가 쌓이면서 타인과 비교하는 일이 점점 줄어들고 자존감이 높아집니다.

가족에게도 감사가 필요하겠지요. 엄마의 모습에서 감사를 찾아야 하고, 아빠의 모습에서 감사를 찾아야 합니다. 길거리 고양이를 돌보는 이웃에게도 감사를 찾아야겠지요. 나에게서 시작해서 점점 범위를 확대하다 보면 감사 거리가 넘치고도 넘칩니다.

글쓰기가 어려운 유치원생, 초등학교 1학년은 어떻게 해야 할까요? 유치원 아이를 둔 어느 학부모는 저녁 식사를 마치면 감사 이야기를 나눈다고 합니다. 감사 글쓰기가 아니라 감사 이야기입니다. 엄마를 시작으로 아빠, 아이 차례로 발표합니다. 엄마는 감사 이야기가 끝나면, 내용을 정리하여 SNS에 올린다고 합니다. 이처럼 글을 모르는 아이와도 충분히 감사 글쓰기를 나눌 수 있습니다.

감사로 감성 기르는 법

화단에 아이들이 옹기종기 모여 있습니다. 아이들 곁에는 튤립 뿌리가 한 바구니 있습니다. 튤립 뿌리는 작은 감자들과 비슷하게 생겼습니다. 아이들은 튤립 뿌리를 하나씩 선생님께 건네받았습니다. 튤립 뿌리를 심기 위해서는 껍질을 벗겨야 합니다. 양파 껍질 벗기듯이 튤립 뿌리를 벗겨내는 일입니다. 선생님은 껍질을 벗겨야 싹이 잘 튼다고 말씀하십니다.

튤립 뿌리의 껍질을 벗겨내면 하얀색 속살이 드러납니다. 튤립 뿌리가 식탁에 있다면 틀림없이 양파로 오해하겠지요. 이제 튤립 뿌리를 땅속에 넣을 차례입니다. 호미로 작은 웅덩이를 만든 다음, 그 속에 튤립 뿌리를 조심스럽게 밀어 넣고, 적당히 흙으로 덮어 줍니다. 튤립 주인의 이름을 새겨 넣기 위해 아이들은 자신의 이름표를 조심히 꺼내 둡니다. 자기가 심었던 튤립의 위치를 찾아서 이름표를 예쁘게 꽂습니다. 우리 학교는 대개 한 반의 학생이 20명 조금 넘습니다. 튤립밭에는 20여 개의 이름표가 있겠지요. 그 이름표는 이렇게 말하고 있습니다. "내가 심은 튤립이 흙 속에 잠들어 있어요", "함부로 파헤치거나 소란스럽게 하지 마세요".

튤립을 심으면서 어떤 생각을 했는지, 아이들의 생각과 느낌을 들어보았습니다. "저를 닮아서 씩씩했으면 좋겠어요", "빨리 새싹을 보고 싶어요", "잘 자랐으면 좋겠어요" 등 아이들은 자신이 심은 튤립이 건강하게 잘 자라기를 기도하고 있었습니다. 튤립을 심은 흙을 몇 번이고 정성스럽게 쓰다듬고 있었습니다.

아이들의 이야기를 듣다 보니 '감성'이라는 단어가 떠올랐습니다. 감성을 쉽게 표현하면 '고운 감정'입니다. 이것은 하천의 모래에 비유할 수 있습니다. 하천에는 모래와 자갈이 뒤섞여 있습니다. 여기에서 모래가 감성이라면 자갈은 감정입니다. 자갈이 다듬어지면 모래가 되듯이, 거친 감정이 다듬어지면 부드러운 감정, 즉 감성이 됩니다. 자갈, 모래 등이 뒤섞여진 곳에서 어떻게 고운 모래를 분리할 수 있을까? 공사장에 가면 그 답을 쉽게 찾을 수 있습니다. 공사장에는 '체'라는 것이 존재합니다. 공사장 인부들은 삽을 이용하여 자갈, 모래를 '체'에 던집니다. 체를 통과한 것들이 '고운 모래'입니다. 이 모래는 화분, 벽돌 등 우리 생활의 여러 곳에서 중요하게 이용됩니다.

어쩌면 교육이라는 것도 '체'에 비유할 수 있습니다. 우리 본성에 있는 감정들을 체에 던져서 고운 감정과 거친 감정으로 분류해내는 작업입니다. 우리에게는 분노, 경쟁 등 거친 감정도 존재하지만 사랑, 평화, 기쁨 등의 부드러운 감정도 존재합니다. 그 부드러운 감정이 감성입니다. 교육의 중요한 일 중 하나는 우리 거친 감정의 양을 줄이고, 부드러운 감정의 양을 늘리는 일입니다.

감성의 통로는 오감입니다. 오감의 문이 열리면서 감성의 새싹이 꿈틀거리기 시작합니다. 오감의 문은 한가지 감각에 의존하기보다는 협연이 이루어졌을 때 더욱 잘 열립니다. 오케스트라 연주와 비슷합니다. 보는 것, 듣는 것, 만지는 것이 동시에 이루어져야 합니다. 특별히 우리가 가진 감성 유전자는 식물에 잘 열리게끔 설계되어 있습니다. 우리 아이들은 꽃을 심고, 가꾸고, 향기를 매일 맡아야 하는 이유입니다.

하굣길에 튤립밭을 살펴보는 아이가 보입니다. 쪼그리고 앉아서 튤립밭을 쳐다보고 있습니다. 이 아이는 무슨 생각을 하고 있을까? 아이도 알고 있을 것입니다. 꽃은 내년 봄에 핀다는 것을. 하지만 아이 마음에는 튤립꽃이 이미 피어있습니다. 새싹이 보이고, 꽃잎이 보이고, 향기가 전해져 올 것입니다. 튤립 감성의 물결이 마음에서 출렁이고 있을 것입니다.

이 아이는 집에 돌아가서 감사 글쓰기를 하겠지요. 아이의 감사 글쓰기를 읽어 볼까요?

_ 오늘 튤립을 심었습니다. 튤립의 뿌리를 정성스럽게 흙 속에 묻어 주었습니다. 흙 속에서 예쁘게 잘 자라기를 기도했습니다. 추위와 비바람을 잘 이겨 내기를 기도했습니다. 나의 예쁜 튤립이 잘 자라도록 감사의 마음을 전합니다.

감성을 기르는 지름길은 꽃, 나무, 자연에서 감사 거리를 찾아 글을 쓰는 것입니다. 그중에서 꽃이 중요합니다. 꽃을 사랑하는 아이로 키워야 합니다. 꽃의 새싹이 보고 싶어 잠을 설치는 아이들로 키워야 합니다. 꽃을 사랑하면 감성의 문이 활짝 열립니다. 편안한 정서 상태가 되고, 배움의 에너지도 증가합니다. 그 이유는 어디에 있을까요?

건국대학교 원예학과 손기철 교수팀은 '꽃을 볼 때의 뇌파 반응'을 실험했습니다. 실험 결과 녹색 식물을 보는 사람의 알파파는 증가하고, 델타파는 감소한다는 사실을 알아냈습니다. 알파파는 8~12Hz로 뇌가 편안한 상태일 때 발생하며, 델타파는 0~4Hz로 뇌 질환이 있을 때 나타납니다. 특히 예쁜 꽃이 열리는 녹색 식물의 경우 알파파는 더욱 활성화된다고 합니다. 이런 이유로 꽃을 보면 신체적, 정신적으로 평온한 상태가 만들어집니다.

꽃과 기억에 관련된 연구도 있습니다. 2007년 독일 뤼벡대학 얀 본 박사팀은 꽃이 기억력을 높여 준다는 실험 결과를 발표했습니다. 본 박사팀의 연구 결과에 따르면 사람이 자는 동안 장미

향과 같은 향기 자극이 뇌의 학습 경로를 더욱 강화할 수 있는 것으로 밝혀졌습니다. 우리 뇌의 학습 경로 중 가장 중요한 부분이 '해마'입니다. 해마는 학습의 입출입을 담당하고 있습니다. 새로운 학습이 저장되기 위해서는 반드시 해마 영역을 거쳐야 합니다. 학습한 내용을 출력하기 위해서도 해마를 거쳐야 합니다. 이러한 해마 영역이 꽃향기를 맡으면 더욱 활성화된다고 합니다. 자연히 잘 배울 수 있는 뇌 속 환경이 만들어지는 것입니다. 감사 글쓰기로 꽃을 사랑하는 우리 아이들을 만들면 어떨까요? 감사 글쓰기에서 감사 거리 1가지는 반드시 꽃, 나무, 바람, 별과 같은 자연에서 찾아보면 좋겠지요.

창의성과 감사의 상호작용

감사 글쓰기가 창의성에도 관련이 있을까요? 저의 경력 중 대부분은 '창의성 강사'입니다. 20년 이상 창의성 강의를 해오고 있으며, 연구회 선생님들과 〈우리는 창의성으로 간다〉라는 제목으로 5권의 창의성 도서를 만들기도 했습니다. 필자가 뇌 과학에 발을 들인 이유도 창의성에 대해 분명한 설명이 필요해서입니다.

창의성을 생각하면 떠오르는 단어가 무엇인가요? 저는 '유레카(Eureka)'입니다. 이 말은 누구나 알고 있는 단어입니다. '아하! 그렇구나!'라는 뜻입니다. 이 말의 유래는 다음과 같습니다. 그리스 철학자인 아르키메데스에게 왕은 다음과 같은 질문을 했습니다. "이 왕관은 순금으로 만들었을까? 아니면 은을 섞어 만들었을까?" 과학이 발전하지 않았던 당시에는 난감한 문제였겠지요. 어느 날 아르키메데스는 목욕탕 바닥에 쭈그리고 앉아서 왕이 내

준 문제를 고민하고 있었습니다. 한 손님이 목욕탕으로 들어가니 목욕탕 물이 넘쳤습니다. 이 상황을 보고 아르키메데스는 왕이 내준 문제를 해결할 수 있게 되었습니다. 얼마나 기뻤던지 목욕탕을 나가면서 "유레카, 유레카!"라고 외쳤다고 합니다.

아르키메데스가 알아낸 것은 무엇일까요? '금과 은이 무게는 같아도 부피가 다르다'라는 것입니다. 왕관을 물에 담갔을 때 밀어내는 물의 양을 측정합니다. 이어서 왕관과 같은 무게의 순금을 담갔을 때 밀어내는 물의 양을 측정합니다. 물의 양이 서로 같다면 순금이 되겠지요. 만약 다르다면 그 왕관은 합금으로 만들어졌을 것입니다.

얼마 전 제자를 만났습니다. 과학고에 다니는 아이입니다. 그 아이는 수학 문제를 해결하면서 눈물이 난답니다. 과학고의 수학 문제는 어렵기로 유명합니다. 보통 한 문제를 해결하는데 3~4시간 걸린다고 합니다. 그런데 수학 문제가 풀리면서 눈물이 주룩주룩 나더랍니다. 기뻐서 나는 눈물이었답니다. 이 눈물이 아이의 유레카입니다.

'아하, 그렇구나!'라는 유레카 체험이 창의성 교육의 본질입니다. 우리는 언제 유레카를 체험해 보았을까요? 지금부터 해 보도록 하겠습니다. 메모장과 볼펜을 준비하시기 바랍니다. 사랑하는 남편의 얼굴을 떠올려 보세요. 남편의 좋은 점을 메모장에 기록해 봅니다. 좋은 점을 더 이상 찾을 수 없을 때까지 기록하셔야 합니다.

몇 가지나 찾으셨나요? 개수가 적어도 걱정하지 마세요. 감사 글쓰기가 개수를 올려줄 것입니다. 더 이상 남편의 좋은 점을 찾을 수 없는 상태, 이것이 유레카의 출발점입니다. 문제에 대한 경험이 더 이상 존재하지 않는 상태, 저는 이것을 '백지 사고'라고 합니다. 백지처럼 텅 비어있는 상태가 창의성의 출발입니다.

다시 남편의 좋은 점을 생각합니다. 아르키메데스처럼 골똘히 생각하세요. 찾을 수 없어도 5분, 10분 더 생각하다 보면 남편의 좋은 점을 더 찾을 수 있습니다. 그래도 어렵다면 잠깐 책을 덮고 창밖을 바라보세요. 창밖에 남편을 세워 두세요. 부드러운 미소로 남편을 바라보세요. 남편의 좋은 점이 떠올랐나요? 그것이 유레카입니다.

감사 글쓰기는 유레카와 어떤 관련이 있을까요? 감사 글쓰기를 하다 보면 백지상태를 경험하게 됩니다. 감사 글쓰기를 시작한 후 7일 정도 지나면 더 이상 감사 거리가 생각나지 않습니다. 하루에 5개씩 감사 글쓰기를 한다면 35개를 썼을 때 감사 거리가 소진된다는 것입니다. 이때 뇌 속 상태를 관찰해 보면 감사 글쓰기를 계속하기 위해 아이의 뇌는 주변을 탐색하기 시작합니다. 새로운 감사 거리를 찾기 위하여 일상을 관찰하게 됩니다. 감사를 일상과 연결하려고 노력을 기울입니다. '아! 그렇구나!' 드디어 새로운 감사 거리를 찾았습니다. 아래의 감사 글쓰기를 읽어 볼까요?

─ 감사한 것이 떠오르지 않아 창밖을 보았습니다. 밖에는 새하얀 눈이 아직 쌓여 있습니다. 하늘도 바라보았습니다. 구름이 떠 있습니다. 오늘 구름 모양은 특이합니다. 끈처럼 길게 늘어져 있었습니다. 구름을 보고 있노라니 기분이 상쾌해집니다. 예쁜 구름을 볼 수 있어 감사합니다.

감사 글쓰기를 하다 보면 감사에 대한 경험이 소진됩니다. 이때부터 나의 뇌는 감사 거리를 찾아 세상을 탐색하게 됩니다. 나를 들여다보고, 가족, 친구들을 관찰합니다. 그러다 보면 벽돌 사이 맨드라미에서, 꽃샘추위에서도 감사가 드러납니다. '아하! 그렇구나!'라는 유레카의 작은 체험이 시작됩니다.

감사 글쓰기는 창의성의 연습입니다. 1년에 2번 정도 감사 글쓰기를 한다고 가정해 보겠습니다. 1회에 21일, 하루에 5개 감사 글쓰기를 하면 여러 번 '아하! 그렇구나!'라는 유레카 체험을 할 수 있습니다. 이렇듯 감사 글쓰기는 일상의 소소한 작은 유레카 체험이 될 것입니다. 유레카 체험은 일종의 쾌감입니다. 우리 뇌에는 쾌감을 담당하는 신경세포들이 있는데, 뇌간에 존재하며 A10 신경세포라 부릅니다. A10 신경세포가 도파민이라는 신경전달물질을 과다하게 배출하면 우리는 쾌감을 느끼게 됩니다. 식욕, 성욕, 음주, 흡연 등의 욕구도 A10 신경세포 영향입니다.

감사 글쓰기도 A10 신경세포를 자극합니다. 감사 글쓰기를 하다 보면 '경험 소진'이 나타나는데, 이는 감사 거리가 없어지는 것을 뜻합니다. 새로운 감사 소재를 찾기 위해 주변을 두리번거립니다. '아! 찾았다!'라는 작은 유레카를 경험하면 A10 신경세포가 도파민을 대량으로 방출합니다. 이 현상이 바로 쾌감입니다. 저는 다시 새로운 소재를 찾아 교육 현상을 관찰하고 새로운 주제로 원고를 집필하려고 합니다. 나의 뇌가 창작의 쾌감을 또다시 요구하기 때문입니다. 작가들이 책 1권을 출간하면, 2, 3권씩 후속편을 출간하는 이유입니다.

우리 아이들도 그렇습니다. 감사가 소진되어도 새로운 감사 거리를 찾기 위해 노력합니다. 아이들의 뇌는 A10 신경세포에서 나오는 쾌감을 맛보고 싶기 때문입니다. '감사 글쓰기'는 창의성의 훌륭한 연습 도구입니다. 감사 글쓰기를 하는 동안 우리 아이 창의성은 성장합니다. '아! 그렇구나!'를 수십 번 연습하고 창의성이 습관이 됩니다. 이것이 감사 글쓰기를 해야 하는 이유입니다. 그러나 안타깝게도 창의성 교육에서 경험을 소진할 수 있는 적당한 도구가 보이지 않습니다. 책, 관찰 등을 통해서 쌓인 개인의 경험을 소진시키는 프로그램이 없는 것입니다. 소진이 되어야 새로운 연결이 가능합니다. 경험과 경험이 새롭게 연결되는 현상, 그것이 창의성입니다. 감사 글쓰기는 경험 소진을 통해 새로운 연결을 만들어 낼 수 있는 창의성의 훌륭한 도구입니다.

우리 가족 감정
디자인하기

이제 우리 가족 감사 여행을 떠나 보겠습니다. 감사 여행을 시작하기 전에 '감사 글쓰기 부록'을 살펴보세요. 부록에서 제시한 방법으로 감사 글쓰기 연습을 해 보세요. 가족 모두 감사 글쓰기를 쉽게 할 수 있습니다.

먼저 SNS에 '우리 가족 감정 디자인'이라는 감사만을 위한 방을 개설해 주시기 바랍니다. 저의 경험으로는 카페, 블로그보다는 밴드가 유용합니다. 밴드는 글쓰기와 댓글을 쉽게 쓸 수 있고, 한눈에 볼 수 있다는 장점이 있습니다. 이제 가족회의 차례입니다. 감사 글쓰기를 위한 생각을 나누어 보세요. 여기서 핵심은 '21일'입니다. 감사 글쓰기를 통해 21일이라는 짧은 시간 동안 나의 감정이 달라질 수 있다고 설득해 보세요. 가족 모두 적극적으로 참여할 것입니다. 가족회의를 마치면 다음 날부터 감사 글쓰기를 시작합니다. 아빠나 엄마가 리더의 역할을 합니다. 리더가 감사 글쓰기 대문을 열고, 첫 번째 댓글을 작성합니다. 대문에는 가족에게 하고 싶은 이야기 등을 자유롭게 기술합니다. 감정 공부를 곁들여서 대문을 열어 주면 더 힘찬 응원이 된답니다.

감사 거리는 하루에 초등학교 저학년이 포함된 경우는 3가지, 고학년이면 5가지가 적당합니다. 이 책에서 제시한 방법처럼 감사 거리 1개당 3문장으로 감사 글쓰기를 진행합니다. 2주 정도 지나면 4문장의 감사 글쓰기도 가능하겠지요.

아래는 대문 열기에 대한 리더의 부담을 줄여 주는 예시글입니다. 감정 공부도 함께 할 수 있는 예시글로 만들어 보았습니다. 가정이나 학급, 직장 상황에 맞게 수정하여 사용해 보세요.

20○○년 ○월 ○일 우리 가족 감사 글쓰기 1회

드디어 우리 가족이 감사 글쓰기를 쓰게 되었습니다. 참여해 준 남편, 아들, 딸에게 고마움을 전합니다. 사람의 머릿속에는 여러 가지 감정들이 살고 있습니다. 감정을 크게 나누면 유쾌한 감정과 그렇지 못한 감정으로 구분할 수 있습니다. 유쾌한 감정으로는 기쁨, 즐거움, 만족함, 침착함, 편안함, 평온함 등의 감정이 존재합니다. 유쾌하지 못한 감정으로는 피곤함, 풀이 죽음, 슬픔, 우울함, 화남, 두려움 등의 감정이 존재합니다.

감사 글쓰기의 장점은 유쾌한 감정은 늘어나고, 유쾌하지 못한 감정은 줄어든다는 것입니다. 그동안 《욱하는 엄마의 감정 수업》이라는 책을 읽으면서 감사 글쓰기를 해 보았습니다. 정말 유쾌하지 못한 감정이 줄어들고 나와 우리 가족을 더 사랑하게 되었습니다. 우리 가족도 그렇게 되리라 확신합니다. 오늘은 저와 비슷하게 댓글로 감사 거리 5개를 찾아보세요. 우리 가족 감사합니다. 사랑합니다.

20○○년 ○월 ○일 우리 가족 감사 글쓰기 2회

우리 가족 감사 글쓰기를 읽어 보았습니다. 진심이 가득 담긴 감사의 글이었습니다. 오늘은 감사 글쓰기를 쓰는 방법을 소개해 보고자 합니다. 예를 들어 '김치찌개를 해 주셔서 감사합니다'처럼 한 문장으로 감사 글쓰기를 작성할 수 있습니다. 좀 더 좋은 방법은 감사 글쓰기를 작성하면서 관찰한 사실에 대하여 3문장으로 써보는 것입니다. '엄마가 김치찌개를 만들어 주셨다. 돼지고기를 듬뿍 넣어서 오늘따라 더욱 맛있었다. 맛있는 요리를 해 주신 엄마에게 감사하다'와 같이 늘려보면 어떨까요?

3문장으로 감사 글쓰기를 쓰면 어떤 점이 좋을까요? 관찰을 잘할 수 있습니다. 한 가지 사실에 대하여 집중하여 자세히 살펴보아야 하므로 관찰하는 힘이 증가합니다. 또한 글쓰기 수준도 당연히 올라가겠지요. 글을 잘 쓰는 것은 축복받은 일이랍니다. 학교 공부를 잘할 수 있고, 어른이 되어 직장 생활을 할 때 크게 도움이 된답니다. 어렵지만 여러 문장으로 감사 글쓰기를 쓰도록 노력해 보세요. 우리 가족 감사합니다. 사랑합니다.

20○○년 ○월 ○일 우리 가족 감사 글쓰기 3회

호수에는 여러 종의 물고기가 살고 있습니다. 붕어, 잉어, 메기, 미꾸라지 등 그 종류가 아주 많지요. 사람의 감정도 호수의 물고기와 같답니다. 슬픔, 기쁨, 화, 평온함, 즐거움 등 그 종류가 아주 많답니다. 호수에 사는 물고기 중 가장 크기가 큰 것은 무엇인가요? 아마 잉어일 것입니다. 우리의 감정도 마찬가지랍니다. 우리의 감정에도 크기가 큰 감정이 있고, 작은 감정이 있답니다.

교실에서 화를 잘 내는 친구가 있나요? 그 친구는 '화'라는 감정의 크기가 큰 친구입니다. 항상 밝게 웃고 친절한 친구는 '행복'이라는 감정이 큰 친구입니다. 교실에서 밝지 않고 우울한 친구가 있다면 '슬픔'이라는 감정의 크기가 클 것입니다. 우리 가족은 모두 '행복'이라는 감정이 커졌으면 좋겠습니다. 우리 가족 감사합니다. 사랑합니다.

20○○년 ○월 ○일 우리 가족 감사 글쓰기 4회

내가 가진 감정 중에 크기가 가장 큰 감정을 '핵심 감정'이라고 부릅니다. 사람들은 핵심 감정으로 세상을 바라봅니다. 화가 핵심 감정인 사람의 표정은 밝지 않고 긴장되어 있습니다. 불평, 불만이 많으며, 별일 아닌 것에도 '버럭' 화를 내지요.

반면 표정이 매우 밝고 부드러운 사람들이 있습니다. 사람들과 잘 사귀고, 주위에 늘 친구들이 많이 있습니다. 친구의 잘못을 덮어 주고, 웬만해서는 화를 내지 않습니다. '행복'이 핵심 감정인 사람입니다. 우리 가족들의 핵심 감정도 '행복'이길 바랍니다. 행복, 즐거움, 만족 등의 감정이 핵심 감정이 되도록 오늘도 감사 글쓰기를 쓰고 있습니다. 우리 가족 감사합니다. 사랑합니다.

20○○년 ○월 ○일 우리 가족 감사 글쓰기 5회

감사 글쓰기를 쓰면 '행복'이 핵심 감정이 될까요? 사람은 신체, 감정, 생각으로 구분해 볼 수 있습니다. 물론 구분한다는 것은 모순처럼 보일 수 있으나 쉽게 이해하기 위함입니다.

그럼 편안, 평온, 만족 같은 감정은 언제 나타날까요? 눈을 감고 엄마에게 감사할 일 5가지를 생각해 보세요. 생각해 보았나요? 사람이나 사물에서 감사할 일을 찾으면 마음이 따뜻해집니다. 우리 감정의 원리가 그렇습니다. 사람이 눈, 코, 입 등 신체 모양을 갖추고 태어나듯, 우리는 감사하면 행복해지는 존재로 태어났습니다. 행복하기 위해서 오늘도 우리 가족은 감사 글쓰기를 작성합니다. 우리 가족 감사합니다. 사랑합니다.

20○○년 ○월 ○일 우리 가족 감사 글쓰기 6회

벌써 감사 글쓰기 6회가 되었습니다. 열심히 참여해 준 우리 가족에게 감사를 전합니다. 엄마의 감사 글쓰기 경험으로 이쯤 되면 감사 거리 찾기가 쉽지 않습니다. 오늘부터는 감사 거리를 찾는 방법을 말해 보겠습니다. 감사 거리를 찾으면서 제일 먼저 생각할 사람은 누구일까요? 엄마의 생각으로는 '자기 자신'입니다. 자신의 잘한 점, 좋은 점을 찾아서 감사하는 것입니다.

자신에게 감사하면 좋은 점이 무엇일까요? 우선 마음이 평온해지고 자신감이 넘쳐납니다. 어떤 일을 해도 잘할 수 있을 것 같습니다. 수업 시간에도 집중력이 높아집니다. 감사가 내 머릿속에 있는 유쾌한 감정들을 불러냈기 때문입니다. 감사는 내 머릿속에 있는 불편한 감정들을 지우고, 유쾌한 감정들로 가득 차게 만들어 줍니다. 우리 가족이 감사 글쓰기를 쓰는 이유입니다. 우리 가족 감사합니다. 사랑합니다.

20○○년 ○월 ○일 우리 가족 감사 글쓰기 7회

어제 우리 가족 감사 글쓰기를 읽으면서 기쁨의 눈물이 나왔습니다. 자기 자신을 사랑하는 마음이 잘 드러나 있었습니다. 우리 가족 모두가 더 아름다운 사람으로 성장하리라고 확신합니다. 감사를 할 때 자기 자신 다음으로 떠올려야 할 대상은 누구일까요? 바로 우리 가족입니다. 가족은 먼 길을 함께 떠나는 친구입니다. 먼 길을 함께 가다 보면 힘든 일도 많이 생길 수 있습니다. 그때마다 서로의 격려가 필요합니다. 그 격려를 표현하는 방법이 감사 글쓰기입니다.

가족 간에 감사를 표현하면 사랑이라는 감정의 양이 커집니다. 아무리 사랑해도 마음속에 담아두면 상대방은 알 수 없습니다. 그 마음을 감사로 표현하면 가족의 거리가 훨씬 좁혀집니다. 엄마는 아들, 딸을 더 잘 이해하고, 아들, 딸은 엄마, 아빠의 마음을 더 잘 알 수 있습니다. 우리 가족의 좋은 점, 잘하는 점, 고마운 점을 찾아서 감사를 표현하며 살아야 하는 이유입니다. 우리 가족 감사합니다. 사랑합니다.

20○○년 ○월 ○일 우리 가족 감사 글쓰기 8회

스승의 날을 누가 만들었을까요? 청소년 적십자 학생중앙협의

회입니다. 청소년 적십자 학생들이 스승에 대한 존경과 감사의 마음을 널리 전하고자 스승의 날을 제정하였다고 합니다. 우리 아들, 딸은 선생님을 존경하나요? 엄마의 소망 중 하나는 선생님을 존경하는 아들, 딸로 자라는 것입니다.

선생님은 단순히 가르치는 사람이 아니라 가정, 사회, 국가에서 자신이 맡은 역할을 다할 수 있도록 인생의 지혜를 가르쳐주시는 분입니다. 선생님의 좋은 점을 찾아보세요. 그리고 감사 글쓰기에 적어 보세요. 선생님을 존경하는 마음이 무럭무럭 자란답니다. 우리 가족 감사합니다. 사랑합니다.

20○○년 ○월 ○일 우리 가족 감사 글쓰기 9회

'소중'이라는 단어를 들으면 무엇이 떠오르나요? 엄마는 친한 친구가 떠오릅니다. 고등학교 시절 친구인데, 내 말에 진심으로 귀 기울여주고, 고개를 끄덕여 주었습니다. 엄마의 잘못이 있어도 따뜻한 미소로 감싸 주었습니다. 살아가면서 엄마 곁에 항상 두고 싶은 그런 친구입니다. 이런 친구를 소중한 친구라고 합니다.

소중한 친구를 만들기 위해서는 친구에게 최선을 다해야 합니다. 친구의 단점도 따뜻한 마음으로 덮어 주어야 합니다. 서로 떨어져 있어도 걱정하고 칭찬해야 합니다. 그러기 위해서는 바로 감사라는 노력이 필요합니다. 친구의 좋은 점을 많이 찾아서 감사하도록 노력해 보세요. 우리 가족 감사합니다. 사랑합니다.

20○○년 ○월 ○일 우리 가족 감사 글쓰기 10회

어젠 재활용품을 아파트 창고에 가져갔습니다. 창고에는 아파트 경비원 아저씨가 계셨습니다. 아저씨께서는 재활용품을 가지런히 정리하고 계셨습니다. 주민들이 가져온 물건 중에는 덜 분류된 재활용품도 많았습니다. 이마에는 땀방울이 흐르고 있었지만 아저씨는 전혀 불편한 기색이 없었습니다.

우리 주변에는 경비 아저씨처럼 아름다운 사람들이 많이 있습니다. 어렵고 힘든 사람을 위해 기꺼이 지갑을 여는 사람, 복지관에서 어른들의 식사를 책임지는 자원봉사자 등이 여기에 해당합니다. 그들이 존재하기에 살 만한 사회, 아름다운 사회가 만들어지는 것입니다. 우리 아들, 딸도 아름다운 사람으로 자라기를 소망합니다. 아름다운 사람에게 감사를 표현하는 사람으로 자라 주세요. 우리 가족 감사합니다. 사랑합니다.

20○○년 ○월 ○일 우리 가족 감사 글쓰기 11회

감사는 식물, 동물에게도 할 수 있습니다. 언젠가 이스라엘 생명과학센터 소장이 지은 《식물은 알고 있다》라는 책을 읽었습니다.

그 책에는 식물은 보고, 듣고, 느끼고, 냄새를 맡을 수도 있다고 적혀 있습니다. 식물은 사람이나 동물처럼 뇌는 없지만, 일부의 사항에 대해서 기억도 할 수 있다고 말하고 있습니다. 한마디로 식물은 사람과 비슷한 소중한 생명체라는 것입니다.

우리는 식물이 있어 산소를 마실 수 있고, 휴식을 취할 수도 있습니다. 모닥불을 피울 수 있고, 꽃향기에 취할 수 있습니다. 식물은 인간과 더불어 살아온 소중한 생명체입니다. 식물을 좋아하는 사람은 나쁜 사람이 없다는 말도 있습니다. 우리 가족이 꽃, 나무를 소중히 여기는 아름다운 사람이 되기를 바랍니다. 길가에 있는 민들레, 작은 풀 하나라도 아끼는 사람이 되기를 소망합니다. 우리 가족 감사합니다. 사랑합니다.

20○○년 ○월 ○일 우리 가족 감사 글쓰기 12회

어제까지 감사 거리 찾는 방법에 대해서 엄마의 생각을 말해 보았습니다. 엄마도 감사 거리 찾기가 어렵습니다. 감사 거리를 좀 더 쉽게 찾는 방법은 없을까요? 감사 거리를 쉽게 찾기 어려운 이유는 의식이 '감사'에 집중하기 때문입니다. 감사 거리를 찾아야겠다는 생각 때문에 감사 거리가 나타나지 않을 수 있습니다. '감사'를 생각하지 말고 감사할 대상을 먼저 정합니다.

예를 들면 오늘의 감사 대상은 장미, 엄마, 반려견입니다. 감사 대상이 정해지면 각각에 집중하면 감사할 내용이 금방 떠오릅니다. 눈을 감고 잠시 '장미'에 집중해 볼까요? 어떤 향기가 나나요? 장미와 관련된 어떤 경험이 있을까요? 엄마는 친구들과 장미꽃 향기를 맡았던 때가 생각났습니다. 그 경험을 떠올려서 감사를 연결하면 감사 글쓰기입니다. 오늘도 행복하게 살아갈 우리 가족을 응원합니다. 우리 가족 감사합니다. 사랑합니다.

20○○년 ○월 ○일 우리 가족 감사 글쓰기 13회

햇살이 유난히 밝은 고운 아침입니다. 잠시 창가에 다가가 아침 햇살을 바라보았습니다. 커피를 한잔 마시면서 아침 햇살의 여정에 대해서 생각해 보았습니다. 아침 햇살은 깜깜한 밤을 터벅터벅 걸었을 것입니다. 자욱한 새벽안개에 길을 잃기도 했을 것입니다. 그런 고난의 시간을 뚫고 드디어 고운 햇살을 우리에게 선물합니다. 꽃과 나무의 에너지가 되어 생명체를 자라게도 합니다.

감사 글쓰기도 아침 햇살을 닮았다고 생각합니다. 매일 감사 글쓰기를 쓰는 것은 힘듭니다. 귀찮고, 감사 거리도 잘 생각나지 않습니다. 내 마음에 평화와 행복을 가져올까?라는 의심이 들기도 합니다. 그렇지만 여기서 멈춰서는 안 됩니다. 아침 햇살처럼 우리 감정도 힘든 여정을 겪어야 평화와 행복을 가져올 수 있습니다. 분명히 감사 글쓰기는 우리 가족에게 행복과 평화를 가져

올 것입니다. 힘내세요. 우리 가족 감사합니다. 사랑합니다.

20○○년 ○월 ○일 우리 가족 감사 글쓰기 14회

우리 가족 감사 글쓰기 14회가 되었습니다. 요즘 엄마는 우리 집이 천국이라는 생각을 합니다. 서로 감사하면서 생활하는 모습이 감동입니다. 감사를 시작하면서 공부도 더 열심히 하는 아들, 딸을 응원합니다. 책도 더 많이 읽고 있습니다. 감사가 우리 가족의 변화를 이끌어 주어서 감사에게 감사합니다.

오늘에 감사하면 왜 더 열심히 살까요? 감정의 온도가 내려가면 불안, 불평이라는 감정이 사라지고 그 자리에는 용기, 도전, 만족 등과 같은 감정이 자리를 잡습니다. 그런 이유로 책도 더 읽고, 공부도 열심히 하게 됩니다. 훌륭한 사람이 되는 데에는 감사가 가장 큰 무기입니다. 우리 가족 감사합니다. 사랑합니다.

20○○년 ○월 ○일 우리 가족 감사 글쓰기 15회

감사 글쓰기는 관찰력도 높여 줍니다. 관찰을 잘한다는 것은 시각, 청각으로 잘 보고, 잘 듣는 것입니다. 노란 장미꽃을 생각해 보세요. 노란 장미꽃을 잘 보기 위해서는 오랫동안 자세히 보고 있어야 합니다. 꽃잎의 모양을 살피고, 수술, 암술이 어떻게 생겼는지 살펴보아야 합니다.

감사도 마찬가지입니다. 감사 대상을 오랫동안 생각하다 보면 감사 내용이 여러 개가 나타납니다. 예를 들어 아빠의 출근하는 뒷모습을 오랫동안 생각해 보면 여러 개의 감사 거리가 나타날 것입니다. 1가지 사물이나 사건에 대하여 오랫동안 생각하는 것이 관찰의 본질입니다. 우리 가족이 감사 글쓰기를 더 열심히 쓰다 보면 자신의 관찰력도 높아질 것입니다. 우리 가족 감사합니다. 사랑합니다.

20○○년 ○월 ○일 우리 가족 감사 글쓰기 16회

오늘은 습관에 대해서 말해 보겠습니다. 사람은 습관의 동물입니다. 먹는 것, 입는 것, 말하는 것, 듣는 것도 습관으로 이루어져 있습니다. 이를 닦을 때 어디에서부터 시작하나요? 엄마는 왼쪽 어금니부터 시작합니다. 곰곰이 생각해 보니 매일 이것이 반복됩니다. 이것을 습관이라 부릅니다.

감정도 습관이라고 합니다. 어떤 상황에서 '화'를 내는 사람은 다음번에 비슷한 상황이 오면 '화'를 냅니다. 예를 들어 친구가 살짝 밀치기만 하면 화를 내는 아이는 손으로 툭 건들기만 해도 화를 냅니다. 반면 친구가 살짝 밀쳤을 때 미소를 보이는 아이는 누군가 손으로 툭 건드려도 미소를 보입니다. 이것이 우리 가족이 오늘도 감사 글쓰기를 쓰는 이유입니다. 세상을 감사로 바라보는 습관을 들이기 위함입니다. 우리 가족 감사합니다. 사랑합니다.

20○○년 ○월 ○일 우리 가족 감사 글쓰기 17회

TV를 보다가 광고 하나가 엄마 마음으로 들어왔습니다. '생각은 누구나 합니다. 문제는 실천입니다' 정말 맞는 말입니다. 우리는 하루에도 여러 번 결심을 합니다. 엄마는 커피를 조금만 마시자, 가족에게 좀 더 잘하자 등의 결심을 합니다. 이 결심이 머릿속 '생각'입니다. 하지만 하루 이틀이 지나면 그 결심은 어디론가 사라지고 없습니다. 엄마뿐만 아니라 모든 사람이 그렇습니다.

결심을 실천하기 위해서는 '습관'으로 만들어야 합니다. 습관은 반복해야 만들어집니다. 엄마가 가족에게 좀 더 잘하기 위해서 습관을 만들어야 합니다. 예를 들어 가족을 위해 할 수 있는 일을 매일 1~2가지씩 적어서 실천하면 됩니다. 운동, 글쓰기, 공부 등 모든 것이 마찬가지라고 생각합니다. 좋은 습관을 만들기 위해서는 결심을 해야 하고, 그 결심을 기록하고, 30일 정도만 연습하면 습관이 만들어집니다. 감사 글쓰기도 마찬가지입니다. 감사를 습관으로 만들기 위해서 오늘도 감사 글쓰기를 하고 있습니다. 우리 가족 감사합니다. 사랑합니다.

20○○년 ○월 ○일 우리 가족 감사 글쓰기 18회

얼마 전 엄마는 친구들과 시골길을 걸었습니다. 마을 입구에는 커다란 느티나무가 있었습니다. 이 느티나무가 이런 웅장한 모습을 갖추기까지는 오랜 세월이 걸렸을 것입니다. 껍질이 날아갈 듯한 찬바람에 울기도 했었고, 따뜻한 봄날에는 사람들의 재잘거리는 소리가 시끄러워 귀를 닫았겠지요. 가끔 아이들이 돌이라도 던지면 얼마나 아팠을까요? 그렇게 힘든 세월을 이겨 내고 오늘의 웅장한 느티나무가 되었습니다.

우리의 일상도 마찬가지입니다. 지나고 보면 별일 아니지만, 힘들고 고통스러운 일들이 많이 있습니다. 친구와의 관계가 틀어져 힘이 들기도 합니다. 공부할 내용이 많아 기운이 쏙 빠지기도 합니다. 그런 힘듦을 이겨 내기 위해서는 가족의 사랑이 필요합니다. 편지, 대화로 서로를 응원해 주어야 합니다. 그것은 가족 구성원이 지켜야 하는 약속이자 의무입니다. 오늘은 가족이란 무엇인가에 대해서 한번 생각하는 시간을 각자 만들면 어떨까요? 우리 가족 감사합니다. 사랑합니다.

20○○년 ○월 ○일 우리 가족 감사 글쓰기 19회

구슬이 100개 들어 있는 항아리가 있습니다. 빨간색 70개, 노란

색 30개가 들어 있습니다. 바보 같은 질문이지만 빨간색 구슬이 60개이면 노란색 구슬은 몇 개일까요? 40개입니다. 우리의 머릿속 감정도 이와 비슷합니다. 불평이라는 감정이 빨간 구슬, 감사라는 감정이 노란 구슬이라고 가정을 해봅시다. 불평이라는 감정이 60개로 줄어들면 감사라는 감정이 40개로 늘어납니다.

학자들의 연구에 의하면 불평 등의 부정적 감정과 감사 등의 긍정적 감정의 비율이 7：3이라고 합니다. 물론 사람마다 차이가 있지만 태어나면서부터 부정적 감정에 더 익숙한 것이 사람입니다. 우리가 행복해지기 위해서는 이 머릿속의 구조를 바꾸어야 합니다. 부정적 감정의 비율을 줄이고 긍정적 감정의 비율을 높여야 합니다. 긍정적 감정：부정적 감정의 비율이 7：3이 아니라 6：4 또는 5：5의 비율로 만들어야 합니다. 오늘도 우리 가족이 감사 글쓰기를 쓰는 이유입니다. 우리 가족 감사합니다. 사랑합니다.

20○○년 ○월 ○일 우리 가족 감사 글쓰기 20회

오늘 생각할 주제는 '오늘'입니다. 우리의 삶은 오늘을 맞이하고 떠나보내는 연속입니다. 오늘 하루를 어떻게 맞이해야 할까요? 떠오르는 아침 해를 보면서 '하루의 시작이네'라고 생각하는 사람이 있습니다. 이 말은 인생이 재미없고 목표 의식도 분명하게 보이지 않습니다. 이 사람의 하루는 별로 보람없이 지나갑니다.

오늘을 축복으로 맞이하는 사람도 있습니다. 떠오르는 아침 해를 맞이하면서 '오늘도 열심히 살아야지'라고 미소 짓는 사람입니다. 이 사람은 자신에게 감사하고, 가족, 세상에 감사하는 사람입니다. 이 사람들은 오늘이 인생의 마지막인 것처럼 열심히 살아갑니다. 우리 가족은 하루를 축복으로 여기며 살았으면 좋겠습니다. 배불리 먹을 수 있고, 가족이 늘 함께하며, 할 일이 있다는 것은 커다란 축복입니다. 우리 가족 감사합니다. 사랑합니다.

20○○년 ○월 ○일 우리 가족 감사 글쓰기 21회

21일 동안 우리 가족의 감사가 가족 밴드에 고스란히 담겨있습니다. 엄마는 시간이 날 때마다 가족의 감사 글쓰기를 다시 읽어보면서 힘을 얻습니다. 21일 동안 참여해 준 우리 가족에게 감사의 마음을 전합니다.

엄마는 요즘 '실력'에 대해서 생각해 봅니다. 한때 엄마는 '지식이 실력'이라고 생각했지만 지금은 생각이 바뀌었습니다. 사람의 진짜 실력은 '따뜻한 마음'입니다. 우리 가족은 자신에게 따뜻한 사람이 되었으면 좋겠습니다. '오늘 열심히 살았어'라고 자신을 응원하는 사람이 되기를 소망합니다. 자신을 사랑하는 사람은 가족, 친구, 이웃에게 따뜻한 사람이 될 수 있습니다. 그동안 수고하셨습니다. 우리 가족 감사합니다. 사랑합니다.

Chapter 4

아이와
함께 웃는
감사 글쓰기

최고의 도구, 감사 글쓰기

재작년 10월 어느 날, 제가 운영하는 SNS의 회원인 엄마들이
옹기종기 카페에 모였습니다. 가족과 함께 감사 글쓰기를 실천하
고 계신 분들입니다. 모임 후 SNS에 올린 감사 글쓰기를 읽어 볼
까요?

― 좋은 cafe에서 좋은 분들과의 만남. 그렇게 여러 사람과 즐거운
분위기를 오랜만에 만끽했습니다. 만남을 뒤로하고 집에 오는 길, 따
뜻한 그 무엇이 마음에 가득 찼습니다. 이런 행복감을 느끼게 해 주
신 선생님, 어머님들 감사합니다.

― 감사함을 공유하다 처음으로 얼굴을 뵌 어머님들. 누구 어머니인
줄 대충 알지만, 처음으로 갖게 되었던 만남의 시간. 행복함으로 다

가옵니다. 오랜만에 선생님 말씀도 들을 수 있어 좋았습니다. 감사 글쓰기를 하며 뜻밖에 얻게 되는 이런 소중한 행복들이 가슴 한가 득 감사로 차오릅니다.

이분들에게 감사가 어떤 변화를 주었을지 궁금했습니다. 엄마 들의 이야기에서 가장 많이 등장하는 단어는 예상을 뛰어넘는 단어였습니다. 바로 '나'였습니다. 스스로 좋은 사람이 되어 가고 있다고, 가족과 함께 감사 글쓰기를 하다 보면 자신이 제일 먼저 변한다고 합니다. 내가 더 좋은 사람이 되어 가족에게 감사하고 사랑한다는 말을 자주 하게 되었답니다. 가족의 존재 자체가 행 복이라는 것을 깨달았다고 합니다.

두 번째로 등장하는 단어는 '아이'였습니다. 아이가 엄마, 아빠 의 감사 글에 처음에는 어색함을 보였지만, 시간이 지나면서 은 근히 감사 글을 기다린다고 합니다. 그러면서 점차 엄마의 말을 잘 듣는 아이로 변해간답니다. 사춘기 아이였는데, 어릴 때처럼 착해졌다고 합니다.

그러던 중 '글쓰기'라는 단어가 등장했습니다. 글쓰기를 싫어하 는 아이였는데, 이제 제법 감사 글쓰기를 잘한다고 합니다. 처음 에 문장 하나도 쓰기도 싫어했던 아이인데, 이제는 2~3문장으로 감사를 표현한다는 것입니다. 자연스럽게 이야기의 주제는 '아이 들의 글쓰기'로 넘어갔습니다. 자녀들이 글쓰기를 싫어한다며 정성스럽게 문자를 보내면 짧은 단문의 메시지가 도착한다고 합니다. 그것을 읽다 보면 화가 나, 아이가 좀 정성스럽게 문자를 보내면 좋겠다는 이야기들을 합니다. 점점 엄마들의 목소리가 높아집니다. 일기를 왜 쓰지 않냐고 하소연을 합니다. 일기 검사를 중단시켰던 인권위를 원망하는 분도 계셨습니다. 우리 반은 독서 일기를 쓰고 있다는 어느 엄마의 말에 보기 드문 선생님이라고 칭찬합니다. 우리 아이들은 감사 글쓰기라도 하고 있어 다행이라는 소리도 들립니다.

엄마들의 이야기를 듣다 보니 얼굴이 화끈 달아올랐습니다. 엄마들은 초등교육의 문제를 정확히 지적하고 있었습니다. 엄마들의 초등학교 시절에는 공책이 있었습니다. 10여 년 전만 해도 국어, 수학, 사회 등 주요 과목에는 반드시 공책이 존재했습니다. 그 공책에는 날짜별로 배워야 할 학습 문제가 적혀 있고, 그 아래에는 학습한 내용이 빼꼭했습니다.

오늘날 아이들의 가방에는 공책이 보이지 않습니다. 교과서는 별도의 공책이 필요 없도록 만들어져 있어 아이들은 배운 내용을 교과서에 적고 있습니다. 교과서 집필자들은 아이들의 학습 편리성을 위해서 그렇게 만들었다고 합니다. 당연히 선생님은 학생들에게 공책을 준비시킬 필요가 없습니다.

초등교육에서 공책에 대한 필요성은 선생님에 따라 생각이 다르겠지요. 필자가 지적하고 싶은 것은 과거에 비해 글 쓰는 시간이 줄어들었다는 것입니다. 초등교육을 잘 알고 있는 분은 저의 생각에 대부분 동의하리라 생각합니다. 그렇지 않아도 글쓰기가 어려운데, 시간까지 줄어들면서 아이들은 글쓰기를 더 싫어하는 악순환이 반복됩니다.

　이날 모임은 '사람들은 왜 글쓰기를 싫어할까?'라는 고민을 던져 주었습니다. 그리고 생각해 보니, '아! 그렇구나!'라는 탄성이 절로 나왔습니다. '감사'가 글쓰기의 훌륭한 도구였습니다. 3문장의 감사 글쓰기를 6~8문장으로 확대한다면 최고의 글쓰기 도구가 되겠지요. 감사 주제 1개를 6~8문장으로 표현할 수 있다면 글쓰기에 능숙한 운전자가 될 수 있는 것입니다.

충동성을 줄이는 글쓰기

글쓰기가 왜 중요할까요? 인터넷 서점에서 '글쓰기'를 검색했습니다. 글쓰기에 관한 도서는 얼마나 될까요? 전자책을 포함해서 1만 권 이상의 도서가 검색됩니다. 그만큼 글쓰기가 중요하다는 것을 말해 주고 있습니다. 글쓰기는 공부뿐만 아니라 인성, 창의성을 높이는 최고의 방법입니다. 더 나아가 미래 사회에서 요구되는 모든 역량의 기초라고 할 수 있습니다.

이 책에서 글쓰기의 중요성에 대해서는 더 이상 언급하지 않으려고 합니다. 이 중요성에 관한 정보는 이미 많이 접했을 것입니다. 제가 주목하는 것은 '충동성'입니다. 충동성은 글쓰기 시간과 관련 있습니다. 글쓰기 시간이 줄어들면서 아이들의 충동성이 높아지고, 자기 조절력은 떨어지고 있습니다. 사전에서는 충동성을 '생각 없이 그리고 행위의 결과를 거의 고려하지 않고, 어떤 충동에 대해 갑작스럽게 행동하려는 성향을 의미한다'고 정의되어 있습니다. 어떤 내적인 충동을 연기(Delay)하지 못하고 바로 행동으로 옮기는 것을 이야기합니다. 일이 힘들다고 술을 먹는 것, 다이어트를 한다면서 야식을 먹는 것, 운전 중에 문자를 보는 것 등 모두 충동성이라고 할 수 있습니다.

충동성을 이해하기 위해서는 뇌에 대한 설명이 조금 필요합니다. 아래 그림은 정보가 뇌에 전달되는 과정입니다. 창밖을 한번 바라보세요. 창밖에는 집, 자동차, 사람 등 여러 가지 정보가 있습니다. 그중에서 나의 주의를 끄는 정보가 있습니다.

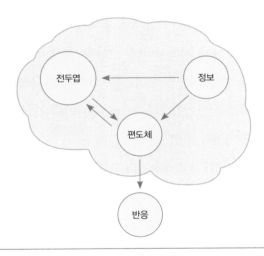

정보 전달 과정

그 정보는 편도체와 전두엽으로 향합니다. 편도체는 정서, 감정

등에 관여하는 뇌 기관으로 알려져 있습니다. 편도체에 도착한 정보는 감정으로 색칠됩니다. 과속으로 달리는 자동차를 보면 두려움이라는 감정으로 색칠되고, 선생님의 재미없는 설명은 '지루함'이라는 감정의 옷을 입겠지요. 이러한 두려움, 지루함 등의 감정이 내적 충동입니다. 이때 전두엽이 등장합니다. 전두엽은 내적 충동에 대해 살펴보고, 어떤 반응을 보여야 할지 판단하겠지요. 과속으로 달리는 자동차 주인을 보고 '바쁜가 보다'라는 명령을 내릴 수 있습니다. '빨리 화를 내야 해'라고 등을 떠밀기도 합니다. '선생님의 설명이 지루해도 참아'라고 다독이기도 합니다.

결국 충동성은 전두엽과 편도체의 관계에 달려 있습니다. 편도체에 들어온 정보가 전두엽의 설명 여부에 따라 충동성을 연기(Delay)할 수도, 그렇지 않을 수도 있습니다. 내적인 감정 즉 충동을 연기하기 위해서는 전두엽의 편도체에 대한 간섭을 증가시켜야 합니다. 편도체에 들어온 정보를 전후좌우 살피는 연습을 해야 합니다.

전두엽이 전후좌우를 살펴서 명령을 내리려면 어떻게 해야 할까요? 바로 '생각을 잘해야' 합니다. 사건을 일이 일어난 순서에 따라 생각을 잘하는 것입니다. 흔히 순차적 사고라고 합니다. 라면을 좋아하시나요? 라면 끓이는 방법을 순차적으로 생각해 보겠습니다.

1. 냄비에 물 500*ml*를 붓고 불을 켠다.
2. 물이 끓을 때까지 기다린다.
3. 물이 끓으면 라면과 수프를 넣는다.
4. 3분 더 끓인다.

라면 끓이는 방법을 순차적으로 생각하기란 쉬운 문제입니다. 내가 익히 잘 알고 있기 때문입니다. 운전을 직접 하시나요? 시골길에서 갑자기 추월하는 차를 만나 보셨지요. 감정이 폭발해서 화가 납니다. 이 상황을 순차적으로 생각하는 것은 어렵지만 글로 쓰면 상황은 달라집니다.

＿ 한적한 시골길, 감미로운 노래를 들으며 운전 중입니다. 갑자기 '붕' 소리가 들렸습니다. 뒤따라오던 자동차가 중앙선을 침범하여 내 차를 추월합니다. 급히 브레이크를 밟았습니다. 식은땀이 흐릅니다. 아마 바쁜 일이 있나 봅니다. 아이가 아파서 병원에 갈 수도 있겠지요. 사고가 나지 않아 다행입니다.

지금도 화가 나시나요? 추월했던 운전자에게 화를 냈던 내가 부끄럽습니다. 이제 분명해졌습니다. 글쓰기는 '생각'을 더 잘할 수 있도록 도와줍니다. 일이 일어난 상황에 대해서 순차적으로 생각하게 해 줍니다. 순차적 사고는 편도체의 '화'라는 감정을 토닥거립니다. 이를 그림으로 설명해 볼까요? 아래 그림은 생각하기와 글쓰기의 차이를 보여 주고 있습니다. 글쓰기는 일이 일어난 원인부터 결과에 이르기까지 순차적으로 생각을 더 잘할 수 있게 합니다. 다르게 이야기하면 전두엽의 편도체에 대한 적극적인 통제가 가능해집니다. 글쓰기가 충동을 지연시킬 수 있는 이유입니다.

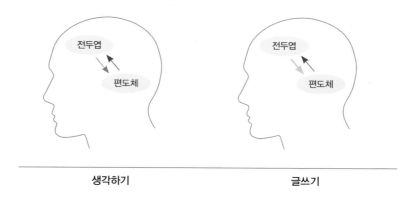

| 생각하기 | 글쓰기 |

글쓰기가 습관화되어 있으면 우리 뇌에서는 어떤 일이 벌어질까요? 매사에 신중한 사람이 되겠지요. 즉각적인 판단 대신에 전후좌우를 살핀 후 행동으로 옮깁니다. 지금 처한 상황이나 느끼는 감정이 실제로는 별일 아니라고 생각합니다. 자신을 제3자의 입장에서 관찰하는 힘이 증가합니다. 우리가 흔히 이야기하는 감정 조절을 잘하는 사람이 되는 것입니다.

학교에서 충동성이 높은 아이들이 등장하고 있습니다. 충동성이 높은 아이들의 특징 중 하나는 '화'입니다. 별일 아닌데 친구나 선생님에게 화를 냅니다. 화를 내면서 소리를 고래고래 지릅니다. 충동성이 높은 아이들은 마치 자동차가 끼어드는 행위를 하듯 '끼어들기'도 잘합니다. 앞뒤 상황을 고려하지 않고 친구들의 일에 참견하는 것입니다. 당연히 싸움으로 번지고, 문제아로 낙인을 받습니다.

　우리 아이들의 충동성을 줄이는 일이 시급한 문제가 되었습니다. 어쩌면 학교에서 노트가 사라지고, 글쓰기 교육이 약화되면서 벌어진 현상일지도 모르겠습니다. 물론 과학적으로 증명하기는 어려운 사실입니다. 글쓰기가 다시 강조되어야 합니다. 이를 통해 전두엽이 편도체를 적극적으로 간섭할 수 있도록 해야 합니다. 그것을 습관화해야 합니다. 글쓰기가 인성교육의 핵심입니다.

글쓰기도 유전자가
필요하다

글쓰기가 어려운 이유는 무엇일까요? 저도 글쓰기가 힘이 듭니다. 글을 쓰려고 노트북을 펼치게 되면 이곳저곳에서 불편함이 나타납니다. 조금 전만 해도 멀쩡하던 몸이 말을 듣지 않습니다. 머릿속이 텅 비어 버려 글을 쓸 수 없게 됩니다.

　글쓰기가 어려운 이유는 유전자에서 찾을 수 있습니다. 우리는 글을 잘 쓸 수 있는 유전자가 없습니다. 무슨 이야기일까요? 조금 생각하면 알 수 있겠지요. 인류의 역사는 수백만 년인데, 문자의 역사는 6천 년밖에 되지 않습니다. 6천 년이라 해도 극히 소수를 제외하고 대부분 사람은 문자를 접하지 못했습니다. 우리의 조상은 수백만 년 동안 손짓, 몸짓으로 의사소통을 했습니다. 문자를 사용한 의사소통 기간은 매우 짧았습니다. 우리는 문자보다 손짓, 몸짓의 의사소통에 익숙한 구조입니다. 실제로 우리의 일상을 관찰하면 그 말이 옳다는 것이 증명됩니다. 불어를 할 수 없어도, 손짓과 몸짓으로 프랑스인과 대화가 가능합니다.

글쓰기가 어려운 이유는 뇌의 특성에서도 찾아볼 수 있습니다. 글을 쓰기 위해서는 '생각'을 해야 합니다. 생각은 전두엽의 몫입니다. 상황에 어울리는 단어를 선택해야 하고, 문장을 구성해야 합니다. 전두엽이 단어를 선택하기란 쉬운 일이 아닙니다. 숲속에서 난초를 캐는 일과 비슷합니다.

제 친구는 겨울이 되면 희귀한 난초를 찾아 인적이 드문 숲을 다닙니다. 어느 날은 저도 친구를 따라갔습니다. 가시에 손이 찔리고, 온몸이 땀으로 젖어 기진맥진이라는 단어가 잘 어울렸지요. 그날은 저에게 고통이었고, 다시는 오지 말아야겠다는 생각을 했습니다.

글쓰기도 마찬가지입니다. 오늘은 새벽 4시에 일어나 3시간 동안 글쓰기 작업을 했습니다. 기억이라는 숲속을 뒤지고 또 뒤졌습니다. 에너지가 고갈되면 침대가 이곳으로 오라고, 이제 쉬어야 한다고 손짓합니다. 잠시 침대에 누워 나의 신체에서 들리는 소리에 귀를 기울입니다. 친구와 숲속을 헤매던 그때처럼 '기진맥진'이라고 말하고 있습니다.

글쓰기를 할 때 뇌의 모습을 상상해 보았습니다. 전두엽은 적절한 단어와 표현을 찾아야 합니다. 기억의 방에 헤드라이트를 비추기 시작합니다. 빨리 답을 찾을 수 있으면 다행이지만, 그렇지 못할 때가 더 많습니다. 이럴 땐 헤드라이트 밝기를 조정해 더 밝은 빛으로 자세히 들여다봐야 합니다. 이것이 집중력입니다. 헤드라이트를 오래 켜두면 건전지가 소모됩니다. 우리의 뇌도 그렇습니다. 글쓰기를 할 때 전두엽은 에너지를 총동원하라는 명령을 내립니다. 우리 몸에 있는 모든 에너지를 끌어모아 적절한 단어와 표현을 찾습니다. 이처럼 글쓰기는 일상에서 우리 몸의 에너지를 가장 많이 소모하는 작업 중 하나입니다.

뇌 과학자가 들려주는 이야기에서 흔하게 등장하는 용어는 '생명 유지'입니다. 뇌는 기본적으로 생명 유지를 위해서 진화했다는 이야기입니다. 생명 유지를 위해서는 에너지를 적게 소모해야 합니다. 글쓰기처럼 에너지를 과다하게 사용하는 작업은 생명 유지에 매우 위험이 되는 활동입니다. 이것이 우리가 본능적으로 글쓰기를 싫어하는 이유입니다.

우리 조상들은 몸짓, 손짓으로 생각을 교환했습니다. 문자가 발명되면서는 주로 말로 생각을 나누었습니다. 쉽게 말해 우리 뇌는 글을 잘 쓸 수 있는 구조가 아니며, 글쓰기를 잘할 수 있도록 설계되지 않았다는 것입니다.

이제 글을 쓰는 시대가 되었습니다. 말을 잘하는 사람보다 쓰기를 잘하는 사람이 필요합니다. 글쓰기 유전자가 없어도 글을 잘 쓸 수 있도록 해야 합니다. 글쓰기를 싫어하는 나와 우리 아이는 어떻게 해야 할까요?

빨간 줄을 싫어하는 아이

그렇지 않아도 글쓰기 유전자가 없는데, 글을 쓰기 싫게 만드는 중요한 요인이 있습니다. 바로 아이를 둘러싸고 있는 환경입니다. 학교, 학원, 엄마 등이 있겠지요. 선생님, 엄마의 눈으로 아이의 글을 평가하는 것이 원인입니다. 억지로 강요하는 독후감 쓰기, 빨간 펜으로 물든 첨삭 글 등이 그 범인일 수 있습니다.

얼마 전 제자로부터 편지를 받았습니다. 13년 전의 제자로, 4학년 때 담임을 했던 아이입니다. 그 아이는 편지에서 '기억에 안고 갈 스승'으로 저를 표현해 주었습니다.

그 아이 담임을 하던 시절 저의 가장 큰 관심은 글쓰기였습니다. 지금은 운영이 중단되었지만 '한성범 창의연구실'이라는 카페를 만들어 글쓰기 활동을 진행했습니다. 글쓰기 과정은 이렇게 진행되었습니다. 아이들과 협의해서 이번 주에 작성할 글의 주제를 정합니다. '생일 때 비싼 선물을 줘도 괜찮을까?'처럼 찬반이 나누어질 수 있는 소재로 글의 주제를 선택했습니다. 글의 주제가 정해지면 마인드맵으로 생각을 확장하도록 했습니다. 마인드맵은 대단히 효율적인 생각 도구로, 마인드맵 가지를 그리다 보면 생각이 절로 솟아납니다. 마인드맵 정리가 끝나면 국어, 사회 시간 등을 이용해서 글쓰기 작업을 했습니다. 완성된 글은 각자 카페에 올리고, 칭찬의 댓글을 달았습니다. 운영은 중단했지만, 지금도 가끔 그 카페에 방문합니다. 그 카페는 글을 쓰는 저에게 아이들의 생각을 엿볼 수 있는 보물창고입니다.

'한성범 창의연구실'이란 카페에서 글쓰기를 하게 된 특별한 계기가 있었습니다. 사회 시간에 '일기를 꼭 써야 하는가?'라는 주제로 토론을 했습니다. 그 당시 교육계에서는 '초등학생 일기장 검사는 사생활 침해인가? 좋은 습관 형성인가?'라는 이슈로 격렬한 논쟁이 벌어졌습니다. 일기 쓰기, 일기 검사에 대한 아이들의 솔직한 생각을 듣고 싶었습니다. 아이들의 열띤 토론이 벌어졌습니다. 일기 쓰기를 찬성하는 아이들보다 반대하는 아이들이 압도적으로 많았습니다. 아이들은 일기 쓰는 것이 힘들다며 일기를 쓴다고 해서 글쓰기 실력이 느는 것이 아니라고 주장했습니다. 엄마, 선생님이 일기장 검사를 해서 솔직하게 쓸 수 없다는 이야기도 했습니다.

토론 중 인상 깊었던 점은 첨삭에 대한 아이들의 의견입니다.

그 당시 저를 비롯한 선생님들은 아이들의 일기에 빨간색 볼펜으로 첨삭을 달았습니다. 첨삭이 교사의 의무처럼 느껴지던 시기였습니다. 아이들에게 "첨삭이 도움이 되지 않니?"라고 묻자 아무런 대답이 없었습니다. 아이들의 표정을 살펴보니 불편함이 드러나 있었습니다. 일기 검사를 멈춰 주기를 바라는 눈빛이었습니다. 그 날 이후 글쓰기에 대한 방법을 바꾸었습니다. 일기 첨삭을 중단했고 글쓰기의 새로운 도구를 찾아보았습니다. 그것이 '한성범 창의연구실'이란 카페를 만들게 된 동기였습니다. 그곳에서 아이들의 글쓰기에 대해 고민하고, 아이들이 좋아하는 글의 소재와 방법을 연구했습니다.

필사로 글쓰기 시작하기

카페 활동은 아이들의 글쓰기에 대해서 본격적으로 연구하게 된 계기였습니다. 글쓰기 지도를 잘하시는 선생님들을 찾아보았고, 그들의 지혜가 무엇인지 탐구했습니다. 이 시기에 '두 줄 생각'이라는 생각 도구를 개발했습니다. 한국과학창의재단에 학생들의 글쓰기 발상 도구로 제출했던 방법입니다.

'두 줄 생각'은 비유를 사용하여 아이들의 생각을 열어 주는 글쓰기 방법입니다. 예를 들어보면 '엄마는 ○○이다. 왜냐하면 □□이기 때문이다'처럼 두 줄을 칠판에 제시합니다. 아이들은 '엄마는 사과이다. 엄마는 사과처럼 달콤한 향기가 나기 때문이다'와 같은 문장을 작성하게 됩니다.

이와 관련해 기억나는 에피소드가 있습니다. 학부모 공개 수업에서 있었던 일입니다. 공개 수업에 우리 반 학부모님들은 한 분도 빠짐없이 모두 참석하셨습니다. 두 줄 생각으로 수업을 시작했습니다. 칠판에 '엄마는 ○○이다. 왜냐하면 □□이기 때문이다'라는 문장을 제시했습니다. 한 아이는 '엄마는 리모컨이다. TV 리모컨처럼 나를 조종한다'라고 발표했습니다. 이 아이의 엄마를 살펴보니 얼굴이 붉어져 고개를 숙이고 계셨습니다. 다른 부모님들도 마찬가지로 당황하는 표정이 역력했습니다. 수습하느라 애는 먹었지만, 학부모님의 자녀 지도 방법을 반성하는 계기도 되었겠지요.

저는 '두 줄 생각'의 효과성을 확신합니다. 학생들의 창의적 표현을 늘리는 데 이만한 방법이 없었습니다. 지금도 두 줄 생각을 수업에 이용하는 선생님이 많이 계십니다. 자녀와 매일 두 줄 생각을 적어 보면 어떨까요? 조그마한 수첩을 마련하고, 하루에 1개씩만 두 줄 생각을 적다 보면 당신과 자녀의 창의성은 눈부시게 달라질 것입니다.

오랫동안 아이들의 글쓰기, 선생님들의 수업을 관찰하면서 아이들이 글쓰기를 힘들어하는 이유를 몇 가지로 정리할 수 있었습니다. 우선 '운'입니다. 글을 잘 쓰는 선생님을 만나야 자녀의 글쓰기 실력이 늘어납니다. 다만 글쓰기를 좋아하는 선생님을 만나기가 쉽지 않습니다. 글쓰기는 선생님들도 두려워합니다. 선생님들께 "글쓰기 지도가 어려운 이유가 무엇입니까?"라고 질문하면 "저도 글쓰기가 어려워요."라는 대답이 돌아옵니다. 글쓰기는 학교 선생님을 포함해서 모든 사람이 어려워하는 문제입니다.

 '담임 선생님'이 글쓰기 진통제라는 뚜렷한 근거는 무엇일까요? 바로 시범 보이기에 있습니다. 아이들은 교과서의 시범 글보다는 선생님의 시범 글을 좋아합니다. 마치 태권도 동작 익히기와 같습니다. 태권도 사범이 정확하고 절도 있는 동작을 보여 주면 아이들도 비슷하게 따라서 합니다.

 시범 보이기의 중요성은 저의 경험을 통해서도 알 수 있습니다. 저에게 편지를 보내주었던 13년 전 제자의 이야기로 잠시 돌아가 보겠습니다. 그 당시에는 지금의 동아리 활동과 비슷한 클럽 활동이 존재했습니다. 저는 논술부 선생님이었는데, 논술부는 5, 6학년으로 구성되었으며 주로 카페에서 글쓰기가 이루어졌습니다.

 논술부의 활동은 대강 이렇게 이루어졌습니다. 3월은 서론 쓰기, 4~5월은 본론 쓰기, 6월은 결론 쓰기였으며, 7월부터는 논술 한 편을 완성했습니다. 수업을 시작할 때마다 저의 시범 글을 보여 주었고, 신기하게 아이들의 글은 저를 닮아갔습니다. 그해 8월 전국 논술대회 출전해 1명이 장려상을 받았습니다. 6개월 만에 이룬 성과였습니다. 다음 해에 저는 학교를 옮겼고, 2년이 지난 어느 날 학부모 한 분이 저를 찾아오셨습니다. 장려상을 받았던 그 아이 엄마입니다. 중학교 1학년 때 전국 논술대회에서 우수상, 2학년 때 최우수상을 받았다고 합니다. 지금도 카페에는 그 아이 글이 존재합니다. 그 아이 글을 읽으면 마음이 따뜻해집니다. 타인을 배려하는 따뜻한 마음이 담겨 있습니다.

결국 글쓰기의 진통제는 선생님입니다. 더 나아가 선생님이 보여 주는 시범의 글입니다. 시범의 효과를 잠깐 볼까요? 첫 번째 글은 저의 감사 글쓰기이고, 두 번째 글은 5학년 학생의 감사 글쓰기입니다.

_ 아침 햇살이 보이기 시작합니다. 카페 창밖으로 비치는 여린 햇살이 가슴을 뭉클하게 합니다. 오늘도 떠오르는 아침 햇살처럼 밝고 따뜻한 하루를 만들겠습니다. 아침 햇살을 닮은 따뜻한 생각을 많이 하겠습니다. 아침 햇살을 닮은 밝은 생각만 하겠습니다. 이렇게 나의 용기를 일깨워주는 '아침 햇살' 님 감사합니다.

_ 이른 아침에 일어나서 아침 햇살이 보이기 시작합니다. 우리 집 창밖으로 비치는 햇살이 참 아름답습니다. 오늘도 떠오르는 아침 햇살처럼 아름답고 따듯한 하루를 만들겠습니다. 아침 햇살을 닮은 아름다운 생각을 많이 하겠습니다. 이렇게 나의 자신감을 일깨워 주는 '아침 햇살' 님에게 정말 정말 감사합니다.

교사의 시범 보이기는 독서의 필사와 같습니다. 필사는 책을 손으로 직접 베껴 쓰는 일을 말합니다. 저도 책을 읽으면서 꼭 기억하고 싶은 글은 필사해서 한글 문서로 저장을 해둡니다. 책에 따라 1~2쪽으로 필사하기도 하고, 50쪽 이상으로 필사도 합니다.

필사가 중요한 이유는 무엇일까요? 한 자 한 자 눌러 쓰기에 시간이 걸리는 작업이지만, 작품을 정확하게 이해할 수 있습니다. 태백산맥의 조정래 작가는 '필사는 책을 되새김질하는 과정'이라고 말하고 있습니다. 한 글자 한 글자 따라 쓰면서 책의 저자와 깊이 있는 대화를 나누는 셈입니다.

글쓰기에서도 필사가 필요합니다. 선생님의 시범 글을 한 자 한 자 필사해야 합니다. 필사 도중에 일부의 낱말과 내용을 바꾸면 훌륭한 글이 됩니다. 선생님의 시범 글을 필사하다 보면 글쓰기가 어렵지 않습니다. 글쓰기의 기능과 패턴도 자연스럽게 익힐 수 있습니다. '모방은 창조의 어머니'라는 아리스토텔레스(Aristoteles)의 말이 글쓰기에도 적용이 됩니다.

반복 훈련을 하라

글쓰기의 진통제는 글쓰기를 좋아하는 선생님을 만나는 것입니다. 시를 좋아하는 선생님을 만나면 시인이 되고, 논술을 좋아하는 선생님을 만나면 평론가가 됩니다. 동화를 좋아하는 선생님을 만나면 재미난 이야기꾼이 되겠지요. 다만 글쓰기를 좋아하는 선생님을 만나기란 어려운 일임이 분명합니다. 대한민국에서 글쓰기를 좋아하는 선생님이 얼마나 되겠습니까? 여기서 다음과 같은 질문을 던질 수 있습니다. "국어 교육과정을 성실히 수행하면 누구나 글쓰기를 잘할 수 있지 않을까요?" 이 질문에 대한 답은 2가지로 나누어집니다. 학교의 상황을 잘 모르는 사람들의 대답은 '예'일 것입니다. 하지만 아이들의 모습을 잘 알고 있는 선생님이나 학부모님의 대답은 '아니오'입니다.

국어 교육과정을 충실히 이행하면 누구나 글쓰기 실력이 자연스럽게 향상되어야 합니다. 이것이 교육과정이 추구하는 목표입니다. 하지만 현실은 다릅니다. 6년 동안 국어 교육과정을 이수했지만 한 조각 글쓰기도 버거워합니다. 아이들뿐만이 아닙니다. 선생님, 학부모님도 그렇습니다. 현장의 선생님들과 의논해 보아도 특별하게 교과서 문제를 지적하는 선생님은 없었습니다. 의사소통, 대인관계, 자기성찰 등 교육과정의 목표를 잘 도달할 수 있도록 훌륭하게 구성되어 있다는 것입니다. 다만 교과서에 제시되는 지문을 아이들이 별로 좋아하지 않는다고 합니다.

아이들이 교과서 지문을 싫어하는 이유는 무엇일까요? 아이들은 나와 상관없는 이야기에 흥미를 느끼지 못합니다. 어른들도 마찬가지입니다. 자신의 생활과 직접 관련이 없는 이야기는 누구나 싫어합니다. 어른들은 학창 시절에 교과서 지문을 읽고 또 읽었습니다. 시험 점수를 높게 받기 위해서입니다. 이 말에 대부분 동의하시겠지요. 지필 평가가 없어진 초등학교 아이들인데 교과서 지문이 재미없는 것은 당연합니다.

교과서 지문에 흥미가 없는데, 쓰기 결과는 뻔하겠지요. 우리 뇌는 글쓰기에 적합하지 않은데 지문까지 재미없으니 아이들은 글쓰기를 당연히 싫어합니다. 글쓰기를 싫어하니 글의 뜻을 잘 이해하지 못합니다. 문해력에 문제가 오는 것입니다. 문해력이 떨어지니 성적도 하락하는 악순환의 연속입니다. "지문을 재구성하면 어떤가요?" 이렇게 이야기하는 분도 계시겠지요. 아이들이 좋아하는 이야기로 지문을 재구성하는 것이 최고의 방법입니다. 다만 선생님들은 교과서 진도를 나가고 평가하기에도 바쁩니다. 많은 교과서를 재구성하기엔 현실적으로 어려움이 많습니다.

아이들이 글쓰기를 싫어하는 두 번째 이유는 무엇일까요? 오랫동안 글쓰기 교육에 전념하신 선생님께서 그 답을 주셨습니다. '반복 훈련'입니다. 그 선생님은 자전거를 예로 들어 설명하셨습니다. 처음 자전거에 오르면 누구나 두렵습니다. 페달을 밟자마자 자전거는 넘어집니다. 여기서 힘들다고 멈추면 자전거를 탈 수 있는 사람은 아무도 없습니다. 일정 기간 넘어지고 일어서는 반복 훈련이 필요합니다. 선생님의 설명이 잘 이해되지 않아 국어 교과서도 반복 연습으로 구성되어 있지 않냐고 묻자, 국어 교과서는 '반복'이라고 보기 어렵다는 대답을 하셨습니다. 초등학교 1시간 수업 시간은 40분입니다. 질문, 준비 활동 등을 제외하고 실제 글쓰기에 사용되는 시간은 대략 10분 정도랍니다. 일주일에 20분 연습한다고 해서 글쓰기를 잘할 수 있을까요?

국어 교과서에서 쓰기 영역은 평균 일주일에 2번 정도 편성되어 있습니다. 10분씩 2번, 20분 글쓰기를 합니다. 반복 훈련이라고 이야기할 수 없는 수치였습니다. 우리는 망각 곡선을 알고 있습니다. 글쓰기 20분은 망각 곡선에 의해 배웠던 것을 잊기 쉬운 알맞은 시간이었습니다.

선생님의 이야기를 들으면서 기억에 대해서 생각해 보았습니다.

chapter1에서 말했듯 뇌의 기억 방식에는 '아는 것'과 '할 수 있는 것'으로 구분됩니다. 책을 읽고 중요한 내용을 기억하는 것은 '아는 것'에 해당합니다. '아는 것'의 기억 방식은 시간이 짧게 걸립니다. 처음 만난 사람의 이름을 기억하는 데 1초면 충분합니다. 다만 '아는 것'은 망각하기 쉽다는 단점이 있습니다.

반면 '할 수 있는 것'의 기억은 몸으로 익혀야 합니다. 자전거, 스키, 테니스, 피아노 등이 그렇습니다. 오랜 시간 몸으로 반복 훈련을 하여야 합니다. 머릿속으로 이해했다고 쉽게 배울 수 있는 것들이 아닙니다. 배우기는 다소 어렵지만, 오랜 세월이 흘러도 기억할 수 있습니다. 10년 만에 자전거 안장에 앉아도 넘어지지 않고 페달을 돌릴 수 있습니다.

글쓰기는 '아는 것'과 '할 수 있는 것' 중에 어디에 속할까요? '할 수 있는 것'입니다. 몸으로 익혀야 하는 기억입니다. 일주일에 20분 배운다고 해서 몸으로 익혀질 수 있는 기억이 아닙니다. 피아노처럼 일정한 기간에 집중적인 시간 투자가 필요합니다. 반복 훈련으로 철저하게 몸에 익혀야 합니다. 연습의 양이 충분하게 갖추어졌을 때 자연스럽게 습득할 수 있는 기억입니다. 글쓰기를 싫어하는 것은 나의 잘못이 아닙니다. 잘할 수 있는 글쓰기 시스템을 만나지 못해서입니다. 특정 주기를 정하여 반복과 훈련을 해주는 새로운 글쓰기 시스템을 만나야 합니다.

저는 그 시스템을 '조각 글쓰기'라 부릅니다. 글 조각에 대한 반복 훈련을 해 보자는 것입니다. 단어가 모여 문장을 만들고 문장들이 모여 조각 글을 만듭니다. 여러 개의 조각 글이 모이면 한 편의 글이 됩니다. '조각 글쓰기'는 저학년은 3~4문장, 고학년은 6~8문장의 조각 글쓰기 연습을 21일 동안 실천하자는 것입니다.

조각 글쓰기는 글을 잘 쓸 수 있도록 도와줍니다. 조각 글쓰기는 흔히 문단이라고 부릅니다. 문단보다는 조각이라는 용어가 저학년 아이들에게 이해하기 더 쉬운 용어라, '문단'이라는 용어 대신에 '조각 글쓰기'라는 용어를 사용하도록 하겠습니다.

한 편의 글을 잘 쓰기 위해서는 한 조각의 글을 잘 써야 합니다. 시를 생각해 볼까요? 김현승 시인의 〈플라타너스〉를 생각하면 고등학교 시절이 떠오릅니다. 플라타너스는 저의 고등학교 시절, 국어 교과서에 실린 시입니다. 청아한 목소리로 낭송을 하시던 국어 선생님이 떠오릅니다. 운동장 건너편 플라타너스 그늘에서 이 시를 외우고 또 외웠습니다. 한참 감성이 발달하던 청소년기를 아름답게 이끌어 주었던 시입니다.

김현승 시인이 되어 볼까요? 플라타너스를 바라보면서 떠오르는 글감을 생각해 보세요. 그 글감 중 하나가 각 연의 주제가 됩니다. 각 연의 글감에 맞는 단어를 선택해서 문장을 만들면 시가 완성되는 것입니다. 시인은 플라타너스를 바라보면서 꿈, 사랑, 반려자라는 단어를 떠올렸겠지요. 시인은 '꿈'이라는 글감을 이용하여 현재 삶을 넘어서는 그리움을, '사랑'이라는 글감으로 플라타너스의 넉넉한 사랑을 표현했습니다. '반려자'라는 글감으로 삶의 동행자에 대한 그리움을 노래했지요. 이처럼 글감 하나를 잘 표현할 수 있다면 다른 글감도 잘 표현할 수 있는 것입니다.

글도 마찬가지입니다. 글을 동그라미로 생각해 볼까요? 동그라미를 4조각으로 나눕니다. 그 조각 하나를 잘 쓸 수 있으면 어떻게 될까요? 나머지 조각도 손쉽게 쓸 수 있겠지요. 모가 나지 않는 아름다운 동그라미 글이 되겠지요. 특히 초등학교는 글쓰기의 시작 단계입니다. 아이들에게 부담을 주는 완성된 글보다는 조각글에 더욱 관심을 가져야 합니다.

감사로 조각 글쓰기

저는 글쓰기를 뜀틀과 비교합니다. 뜀틀은 기계체조에서 사용하는 기구입니다. 아래는 넓고, 위로 갈수록 좁아지는 구조입니다. 발로 딛고 뛰어넘거나, 손바닥으로 짚어 넘습니다. 뜀틀을 뛰어넘으면서 체력, 기민성, 자신감 등이 길러집니다.

초등학생 시절, 뜀틀은 저에게 공포 그 자체였습니다. 운동신경이 우수하다는 소리를 들었어도, 뜀틀은 어려운 과제였지요. 뜀틀 앞에는 도약을 돕기 위한 구름판이 놓여 있는데, 그 구름판 앞에만 도착하면 몸이 얼어붙었습니다. 결국 뛰어넘지 못했지요. 뜀틀을 넘기 위해서는 구름판에서 힘찬 도약이 이루어져야 합니다. 구름판에서 도약 연습을 반복해야 합니다. 글쓰기도 마찬가지입니다. 한 편의 좋은 글을 쓰기 위해서는 힘찬 도약을 할 수 있는 도구가 필요합니다. 다음 예를 살펴볼까요?

― 우리 집 반려견 소미와 산책을 합니다. 좀 더 오랜 시간 산책하고 싶은데, 그렇지 못합니다. 내가 한발을 걸으면 이 아이는 10발 이상을 걸어야 합니다. 내가 100보를 걸으면 이 아이는 1,000보가 되는 셈입니다. 1시간 이상 산책하면 이 아이는 힘들어합니다. 그래도 꼬리를 치며 나를 잘 따라옵니다. 소미를 사랑합니다. 나의 행복 상자 소미에게 감사합니다.

이 감사 글쓰기에서 중심 문장은 '우리 집 소미와 산책을 합니다.'입니다. 나머지 문장들은 중심 문장을 뒷받침하는 뒷받침 문장입니다. 단어가 모여 문장을 만들고 문장이 모여 조각 글을 만듭니다. 여러 개의 조각 글이 모이면 한 편의 글이 됩니다.

글쓰기의 핵심은 조각 글입니다. 조각 글은 6~8개의 문장으로 구성합니다. 조각 글의 주제가 들어있는 것을 중심 문장이라고 합니다. 맨 앞에 올 수 있고, 맨 뒤에 올 수도 있습니다. 누구나 문장 하나는 쉽게 작성할 수 있지만 문장과 문장의 연결이 어렵습니다. 앞 문장과 뒤에 오는 문장의 문맥이 자연스럽게 연결이 되어야 합니다.

조각 글쓰기를 반복 훈련하면 이 연결 능력을 기를 수 있습니다. 완성된 글을 쓰기보다 조각 글쓰기를 강조해야 합니다. 자연스러운 조각 글을 작성할 수 있으면, 글 한 편을 완성하는 것은 식은 죽 먹기입니다. 뜀틀도 마찬가지입니다. 뜀틀 없이 구름판 도약 연습만 해야 합니다. 이 도약이 힘차게 이루어지면, 어려운 뜀틀 넘기에 성공할 수 있습니다.

> **조각 글쓰기 원칙 1**
> ## 4조각 글쓰기를 21일 동안 반복 훈련한다

제가 제안하는 방법은 조각 글쓰기의 반복 훈련입니다. 저는 우리 학교 5학년 학생을 대상으로 다음과 같은 방법으로 조각 글쓰기 훈련을 해 보았습니다.

_ 1. 하루에 4개의 조각 글을 21일 동안 작성한다.
　 2. 한 조각 글의 구성은 4~8개의 문장으로 구성한다.
　 • 1~7일 : 4문장 이상
　 • 8~15일 : 6문장 이상
　 • 16~21일 : 8문장 이상

결과는 어떻게 되었을까요? 모든 참가자가 8개 이상의 문장으로 구성된 조각 글쓰기가 가능했습니다. 아이에 따라서 차이는 있지만, 40개 정도 조각 글을 쓰게 되면 자연스러운 글이 만들어집니다. 뒷받침 문장들이 중심 문장의 내용을 벗어나지 않습니다. 자연스러운 문맥이 만들어집니다. 저는 40개 조각 글쓰기가 글쓰기의 임계점이라 생각합니다. 이 부분을 넘어서면 기초적인 글쓰기는 누구나 가능하겠지요.

조각 글쓰기 원칙 2
'감사'가 글쓰기 소재가 되어야 한다

글쓰기가 고통스러운 이유는 에너지 소비입니다. 글을 쓸 때 뇌는 엄청난 에너지를 소비합니다. 그 과정에서 힘듦이라는 감정이 나타납니다. 좀 더 자세히 알아보겠습니다. 모래밭에서 바늘 찾기라는 말을 떠올려 보세요. 우리의 뇌 속 모양은 모래밭을 닮아 삶의 기억이 모래알처럼 흩어져 있습니다. 그 속에는 살아오면서 경험했던 일들이 저장되어 있습니다. 글쓰기라는 것은 기억이라는 모래밭에서 바늘을 찾는 것과 같습니다.

하나의 예를 들어볼까요? 당신은 아이에게 이렇게 말합니다. "가장 행복했던 순간을 글로 써 보자." 아이의 전전두엽은 기억이라는 모래밭에 헤드라이트를 들이댑니다. 구석구석을 살펴봅니다. 여행, 놀이 등이 등장하고 그중 1개를 찾았습니다. 나를 사랑하는 엄마의 표정입니다. 열이 났을 때 나를 걱정스럽게 바라보는 눈빛입니다. 아프지만 엄마의 사랑이 느껴져 행복했습니다. 물론 이런 과정은 순식간에 일어나기 때문에 뇌가 별다른 수고 없이 과거 경험을 불러오는 것처럼 보입니다. 하지만 이 순간을 글로 표현하기 위해서는 다른 수고가 기다리고 있습니다. 헤드라이트를 더 열심히 비추어 상황에 맞는 단어와 문장들을 찾아야 합니다. 서로 의미가 맞도록 앞뒤를 연결해야 합니다. 이처럼 뇌는 모래밭에서 바늘을 찾는 것처럼 열심히 활동합니다.

사람이 열심히 일하다 보면 힘이 들고, 쉬고 싶습니다. 우리 뇌도 그렇습니다. 뇌는 글을 쓸 때 에너지가 필요합니다. 다른 어떤 활동보다도 에너지 소모가 큽니다. 에너지가 고갈되면 감정으로 연결됩니다. 감정이 불편해지고 고통스러워집니다. 우리가 글쓰기를 싫어하는 이유입니다. 하지만 글쓰기를 할 때 뇌의 고통을 낮추는 방법이 있습니다. Chapter 2에서 언급한 감정 총량이라는 것입니다. 감정 총량을 10으로 보았을 때 부정적 감정과 긍정적 감정의 비율은 7 : 3 정도입니다. 물론 감정의 양을 부피로 잴 수 없겠지만, 긍정적 감정의 양이 늘어나면 부정적 감정의 양은 분명히 줄어듭니다.

핵심은 감사가 긍정적 감정의 양을 키워준다는 것입니다. 감사의 경험이 늘어나면 기쁨, 즐거움, 만족함, 평온함 등의 감정의 양이 증가합니다. 반대로 두려움, 고통, 짜증 등의 부정적 감정의 양은 줄어듭니다. 감사가 글쓰기의 소재로 등장하면 어떨까요? 당연히 긍정적 감정이 늘어나고 부정적 감정이 줄어듭니다.

앞서 말했듯, 감사는 옥시토신 신경전달물질과 관련이 깊습니다. 감사하면 뇌에서 옥시토신 신경전달물질이 분비됩니다. 옥시토신은 한마디로 고통을 줄여 주는 신경전달물질입니다. 감사 글쓰기의 소재는 감사입니다. 당연히 옥시토신이 분비되겠지요. 글쓰기 고통도 줄어들 것입니다.

감사가 글쓰기 소재가 되면 낙오되는 아이가 없습니다. 아이들은 이렇게 이야기합니다. "이유는 모르지만, 감사 글쓰기가 재미있어요", "감사 글쓰기를 그만둘 수 없어요". 아이들의 이야기가 뜻하는 것은 무엇일까요? '감사가 글쓰기의 고통을 줄인다'는 것입니다. 글쓰기 소재가 감사가 되면 글쓰기 실력을 높일 수 있다는 의미입니다.

조각 글쓰기 원칙 3
대상에 대한 확대나 축소를 반복한다

저학년은 3~4문장, 고학년은 6~8문장의 조각 글쓰기를 권합니다. 물론 자녀의 수준에 따라 다르게 적용됩니다. 저학년이라도 4~6문장의 조각 글쓰기를 잘하는 아이가 있고, 고학년이지만 3~4문장도 힘들어하는 아이가 있습니다. 이처럼 자녀의 글쓰기 수준에 따라서 문장의 개수는 조정해야 합니다.

조각 글쓰기는 '대상 + 설명 + 감사'가 기본 형태입니다. 4문장 조각 글쓰기라면 '대상 + 설명 + 설명 + 감사'가 되겠지요. 여기서 '대상'은 감사할 대상을 찾는 것입니다. 나를 포함해서 가족,

친구, 이웃, 자연의 고마움을 찾는 일입니다. 과제를 열심히 하는 나의 모습에서, 김치찌개를 끓이는 엄마의 모습에서 감사를 찾습니다. '설명'은 감사의 대상에 대하여 자세히 기술하는 일입니다. 아래의 '감사 조각 글'을 읽어 볼까요?

_ 학교에서 아스콘 포장 공사가 한창입니다. 지금 아스콘의 나이는 30년 가까이 되었습니다. 수많은 월계 아이들이 그곳을 밟고 지나갔습니다. 보이지는 않지만, 월계 아이들의 발자국이 숨어 있습니다. 추억이 담겨있습니다. 이제 새로운 아스콘 공사를 하고 있습니다. 우리 학교를 떠나는 아스콘에게 수고와 감사라는 인사를 전합니다.

우리 학교 통행로, 주차장 바닥을 30년 이상 지킨 아스콘에 대한 저의 감사 조각 글입니다. 감사 조각 글을 잘 쓰기 위해서는 대상에 대한 설명을 잘해야 합니다. 이것이 모든 글쓰기의 기초이고, 핵심입니다. 문제는 이 설명을 어려워한다는 것입니다.

이것을 해결하는 쉬운 방법은 '카메라'를 이용하는 것입니다. 저는 아이들에게 감사 대상에 대하여 사진을 찍으라고 강조합니다. 사진을 확대하거나 축소하여 살펴보면 자연스럽게 감사 대상에 대한 발상이 이루어집니다. 어떻게 설명해야 할지 문장이 드러나기 시작합니다. 일명 '카메라 글쓰기 기법'입니다.

구체적으로 알아볼까요? 저는 지금 전라남도 순천에 있는 와

온 해변에 있습니다. 사람을 구경하려면 한참을 두리번거려야 합니다. 도심 근처에서는 보기 드문 작고 아름다운 해변입니다. 이곳의 바다에 감사하고 싶어 카메라로 해변 풍경을 이곳저곳 담으면 눈에 보이지 않았던 새로운 것들이 보이기 시작합니다. 사진을 확대해 살펴보면 바다 건너에는 작은 섬들이 여러 개 모여 있습니다. 섬에는 손가락 모양을 닮은 봉우리가 있습니다. 산 정상에 5개의 봉우리가 손바닥을 활짝 펴고 흔들고 있습니다. 그 아래로 고깃배들이 지나갑니다. 한 척은 고기를 많이 잡았는지 무거운 몸을 이끌고 느리게 포구를 향하여 다가오고 있습니다.

확대나 축소가 뇌의 전두엽에 주는 의미는 무엇일까요? 연결의 시간을 제공하는 것입니다. 생각이라는 것은 뇌에 기록된 지식과 지식의 연결입니다. 그 연결을 잘하기 위해서는 적절한 시간이 제공되어야 합니다. 그것이 창의성 연구자들이 말하는 '부화'입니다. 동물의 새끼가 알 속에서 껍데기를 깨고 밖으로 나오려면 시간이 필요하듯 생각도 마찬가지입니다.

조각 글쓰기 원칙 4

고치거나 첨삭하지 말자, 오직 침찬

모 방송국에서 실시하는 오디션 프로그램을 보았습니다. 무명 가수들에게 기회를 주고, 그들의 새로운 성장을 돕기 위한 프로

그램입니다. 제가 관심 있게 보는 것은 가수들의 노래가 아닙니다. 무명 가수들의 노래에 대한 심사평입니다. 심사단은 성공한 8명의 가수, 작사가로 구성되어 있고, 노래가 끝나면 심사평을 들려 줍니다.

제 마음에 와 닿은 어느 심사 위원의 심사평입니다. "당신은 누구보다 노래를 잘합니다. 기술로는 최상급입니다. 다만 제 감정선이 당신의 노래에 닿지 않습니다. 왜 그럴까요?" 노래에 잔기술이 많다 보니, 듣는 사람의 감정을 울리지 못한다는 말이었습니다.

글도 노래와 같습니다. 글쓰기에 대한 잔기술이 많은 사람이 있습니다. 문장은 간결하고 좋은데 내 감정이 움직이지 않습니다. 좋은 글은 상대방의 감정을 움직입니다. 조금 투박해도 상대방의 마음을 토닥거리고, 힘든 감정을 덜어 줍니다. 글의 기술을 강조하다 보면 내 감정을 온전히 글에 담지 못합니다. 감정이 글에서 떠나 버릴 수 있습니다.

오디션 프로그램을 생각하면서 아이의 글을 읽어 볼까요? 저와 함께 감사 글쓰기를 나누는 5학년 학생의 5일 차 글입니다.

_ 내가 만든 영상을 동생에게 보여 주었다. 동생은 나를 칭찬해 주었다. 나는 그것이 뿌듯했다. 동생은 카카오톡으로 보내달라고 했다. 나는 좋았고 심심한 반응이 아니라 들뜨는 반응이어서 난 고맙다고 생각했다. 다른 영상들도 만들어달라며 나를 재촉했다. 나는 그런 것

이 뿌듯하고 좋았다. 나의 영상을 보고 칭찬을 해 준 동생이 고맙다.

아이 글을 평가해 볼까요? 문맥도 어색하고, 간결하지 않습니다. 필요 없는 조사를 사용하고 있으며, 한 문장에 같은 단어가 중복되고 있습니다. 아마 당신은 고치고 싶은 충동이 목에까지 차올랐을 것입니다. 여기서 아이 글을 고치거나 첨삭해 주면 결과는 어떻게 될까요? 물론 이 문제에 정답은 없습니다. 고치거나 첨삭을 해 주면 좋아하는 아이들도 있고, 그렇지 않은 아이들도 있습니다. 필자의 경험으로는 많이 써 보는 것이 글을 잘 쓰기 위한 유일한 방법입니다. 감사 조각 글 40개를 작성하면 첨삭을 전혀 받지 못했던 아이들도 앞뒤 문장 연결이 자연스럽게 만들어지고 조각 글쓰기를 잘하는 아이가 됩니다.

조각 글을 많이 쓰다 보면 글솜씨는 자연스럽게 늘어납니다. 구체적인 글쓰기 기능은 학년이 올라가면서 자연스럽게 해결됩니다. 글을 많이 읽고 쓰면서 좋은 글이 되어갑니다. 글을 많이 쓰기 위해서는 자신감이 필요합니다. 이 조건에 가장 적합한 교육적 행위는 첨삭이 아니라 칭찬입니다.

우리 가족은
조각 글 작가

글을 잘 쓰기 위해서는 '반복 훈련'이 최고의 방법입니다. '반복 훈련은 구시대적 발상 아닌가?'라고 생각하는 분도 계시겠지요. 아이들의 자발성이 중요하다고 생각하실 수도 있습니다. 물론 자발성은 최고의 교육 방법입니다. 아이가 스스로 글쓰기 훈련을 선택할 수 있다면 더할 나위 없겠지요. 다만 글쓰기, 뜀틀, 스키, 자전거처럼 기능을 요구하는 일에는 '반복 훈련'이 필수라는 것입니다. 수업 중 이루어지는 말하기, 듣기, 오른쪽으로 걷기 등도 마찬가지입니다. 글을 잘 쓰기 위해서도, 감사의 양을 증가하기 위해서도 넘어지고 일어서기를 반복해야 합니다. 그것만이 유일한 해답입니다. 우리 뇌가 그렇게 되어 있습니다.

'말을 강가로 끌고 갈 수 있어도, 물을 억지로 먹일 순 없다'라는 속담이 있습니다. 아이를 키우다 보면 누구나 공감하는 말입니다. 하지만 강가까지는 끌고 가야 합니다. 그러면 의외로 우리 아이들은 물을 먹으려고 노력합니다. 도움이 된다는 확신이 들면 스스로 물을 먹게 됩니다. 아래는 '21일 감사 조각 글 여행'을 마친 어느 아이의 글입니다.

― 감사 글쓰기를 시작하기 전에는 행복과 슬픔이라는 단어밖에 떠오르지 않았습니다. 감사 글쓰기를 시작하고 나서는 제 머릿속이 달라졌습니다. 제 머릿속에서는 어느 날부터 '뿌듯'이라는 단어가 나타났습니다. '감사'라는 단어가 머릿속을 떠나지 않았습니다. 그러면서 내가 좋아지기 시작했습니다. 감사 글쓰기는 저에게 큰 기쁨이 되었습니다. 감사 글쓰기를 알게 되어 감사합니다.

감사를 소재로 조각 글을 쓰다 보면 누구나 이렇게 됩니다. 감정의 호수에 기쁨, 평화가 들어서기 시작합니다. 글쓰기에서 고통이라는 감정이 점점 희미해져 갑니다.

이제 우리 가족은 조각 글 작가가 되어보겠습니다. 작가처럼 조각 글 연습을 하겠습니다. 3장에서 실시했던 '감사 글쓰기 여행'이라는 SNS를 열어 주세요. 이곳에 '우리 가족은 조각 글 작가'를 실천해 보겠습니다. 하루에 4~8문장의 조각 글 4개를 써 보세요. 틀림없이 감사의 양도 늘고, 글쓰기 실력도 높아질 것입니다.

아래는 '조각 글 작가' 대문 예시입니다. 글쓰기 방법과 감정에 관하여 대문을 구성했습니다. 여러분의 상황에 어울리게 수정해서 사용하시기 바랍니다.

20○○년 ○월 ○일 우리 가족은 조각 글 작가 1회

우리 가족은 감사 글쓰기를 다시 시작하게 되었습니다. 찬성해 준 남편, 아들, 딸이 자랑스럽습니다. 감사는 신체의 근육과 같습니다. 팔의 근육을 만져 볼까요? 팔의 근육을 튼튼하게 만들기 위해서 어떻게 하나요? 아령과 같은 운동기구로 근육을 단련시켜야 합니다. 이제 운동을 멈추어도 될까요? 얼마 지나지 않아 팔의 근육은 사라지게 됩니다.

감정도 마찬가지입니다. 감사라는 감정 근육을 만들기 위해 21일 동안 감사 글쓰기를 작성했습니다. 우리 가족에게 감사라는 근육이 크게 만들어졌습니다. 이 감사 근육을 유지하기 위해서는 어떻게 해야 할까요? 당연히 감사 글쓰기를 다시 해야 하겠지요. 이번 감사 글쓰기 원칙은 다음과 같습니다.

1. 21일 동안 4조각 감사 글쓰기를 실시한다.
2. 처음 일주일간은 4문장 이상으로 글을 작성한다.
3. 가운데 일주일은 6문장 이상으로 글을 작성한다.

4. 마지막 일주일은 8문장 이상으로 글을 작성한다.

감사 글쓰기에 다시 도전하는 우리 가족을 응원합니다. 감사합니다. 사랑합니다.

20○○년 ○월 ○일 우리 가족은 조각 글 작가 2회

감사 글쓰기를 좀 더 잘 쓰는 방법이 없을까요? 패스, 드리블 등 기능을 익히면 운동을 좀 더 잘할 수 있습니다. 감사 글쓰기도 마찬가지겠지요. 감사 글쓰기를 잘 쓰기 위해서는 문장 구성을 알아야 합니다. 우리 가족 구성은 어떻게 되나요? 아빠, 엄마, 아들, 딸로 이루어져 있습니다. 문장도 '마찬가지'입니다. 문장의 구성은 주어, 목적어, 서술어, 꾸미는 말로 이루어져 있습니다.

오늘은 '주어'에 대해서 생각해 보겠습니다. '주어'는 문장의 주인이라는 뜻입니다. 문장에서 '누가', '무엇'에 해당하는 부분입니다. 대부분 주어는 문장 첫머리에 등장합니다. 아래의 감사 글쓰기에서 주어를 찾아볼까요?

• ① 우리 예쁜 딸이 학원에서 돌아왔습니다. ② 지치고 힘들어 보였습니다. ③ 미래를 위해서 열심히 공부하는 예쁜 딸에게

감사합니다.

①의 주어는 무엇인가요? '예쁜 딸'입니다. ②의 주어는 무엇인가요? '예쁜 딸'이라는 주어가 생략되어 있습니다. ③의 주어도 '예쁜 딸'입니다. 오늘은 주어를 생각하면서 감사 글쓰기를 써볼까요? 우리 가족을 응원합니다. 감사합니다. 사랑합니다.

20○○년 ○월 ○일 우리 가족은 조각 글 작가 3회

오늘은 서술어에 대해서 배워 볼까요? '서술'은 설명한다는 뜻입니다. 서술어란 주어의 동작이나 상태를 설명하는 글입니다. 예를 들어 '강아지가 걷고 있다'라는 문장에서 주어는 '강아지', 서술어는 '걷고 있다'입니다. '강아지'라는 주어의 동작을 설명하고 있습니다. 아래의 감사 글쓰기에서 서술어를 찾아보세요.

- ① 나는 창문으로 교문을 바라보았습니다. ② 아이들 등 뒤에서는 아침 햇살이 환하게 웃고 있었습니다. ③ 아이들을 반갑게 맞이해 주는 '아침 햇살' 감사합니다.

①의 문장에서 '나'라는 주어의 동작을 설명해 주는 서술어는 무엇인가요? '바라보았다'입니다. ②의 문장 주어는 '아침 햇살'입

니다. 서술어는 '웃고 있다'입니다. ③의 주어는 '아침 햇살' 서술어는 '감사하다' 입니다. 오늘은 서술어를 생각하면서 감사 글쓰기를 써 볼까요? 우리 가족을 응원합니다. 감사합니다. 사랑합니다.

20○○년 ○월 ○일 우리 가족은 조각 글 작가 4회

오늘은 목적어에 대해서 알아볼까요? 목적어란 서술어의 대상이 되는 문장 성분입니다. 이 말이 조금 어렵지요. 아래의 문장을 살펴보세요.

• 나는 엄마를 기다리고 있다.

위의 문장에서 주어는 '나', 서술어는 '기다리고 있다'입니다. 누구를 기다리고 있나요? '엄마'입니다. 이처럼 문장에서 '누구를/무엇을'에 해당하는 부분이 목적어입니다. 아래의 감사 글쓰기에서 목적어를 찾아볼까요?

• ① 엄마는 꽃을 좋아합니다. ② 시장에 가시면 예쁜 꽃을 사오십니다. ③ 나도 꽃을 보면 기분이 좋아집니다. ④ 엄마와 나를 기쁘게 해주는 세상의 모든 '꽃' 감사합니다.

①의 목적어는 무엇인가요? '꽃'입니다. ②, ③, ④ 문장의 목적어도 '꽃'입니다. 오늘은 목적어를 생각하면서 감사 글쓰기를 적어보세요. 우리 가족을 응원합니다. 감사합니다. 사랑합니다.

20○○년 ○월 ○일 우리 가족은 조각 글 작가 5회

오늘은 '꾸미는 말'에 대해서 알아볼까요? '꾸미는 말'은 주어, 목적어, 서술어 앞에 등장하는 말입니다. 아래의 문장을 살펴볼까요?

• 엄마가 김치찌개를 만드셨습니다.

이 문장에서 주어는 '엄마', 목적어는 '김치찌개', 서술어는 '만드셨습니다'입니다. 꾸미는 말을 넣어 볼까요?

• 엄마가 구수한 된장찌개를 만드셨습니다.

위 문장에서 '구수한'은 꾸미는 말입니다. 꾸미는 말을 넣으면 글을 자세하게 표현할 수 있답니다. 오늘은 꾸미는 말을 넣어서 감사 글쓰기를 적어 볼까요? 우리 가족을 응원합니다. 감사합니다. 사랑합니다.

20○○년 ○월 ○일 우리 가족은 조각 글 작가 6회

오늘은 흉내 내는 말을 배워 볼까요? 흉내 내는 말은 두 가지로 나누어진답니다. 첫 번째는 소리를 본떠 만든 말입니다. '야옹야옹, 짹짹' 등이 있겠지요. 두 번째 모양을 본떠 만든 말이 있습니다. '엉금엉금, 살랑살랑' 등이 있습니다. 아래의 감사 글쓰기를 읽어 볼까요?

• 봄바람이 살랑살랑 불어옵니다. 봄바람이 미화원 아저씨의 땀을 식혀줍니다. '봄바람' 감사합니다.

위의 감사 글쓰기에서 흉내 내는 말을 찾아볼까요? '살랑살랑'입니다. 흉내 내는 말을 넣으면 재미있게 글을 쓸 수 있습니다. 오늘은 흉내 내는 말을 넣어서 감사 글쓰기를 적어볼까요? 우리 가족을 응원합니다. 감사합니다. 사랑합니다.

20○○년 ○월 ○일 우리 가족은 조각 글 작가 7회

아래의 문장을 비교하여 보세요.

① 학교 오는 길, 봄바람이 불어왔다.

② 학교 오는 길, 봄바람이 나의 머리카락을 살짝 건드리고 지나갔다.

①번과 ②번 중 생동감 있는 문장은 몇 번인가요? ②입니다. ②는 봄바람이 지나가는 모습을 눈으로 보듯 생생하게 표현하였습니다. 우리 가족도 이처럼 글을 잘 쓰면 좋겠지요. 아래의 감사 글쓰기를 엄마가 바꾸어 보았어요.

• 저녁 무렵 우리 가족은 바다를 갔습니다. 노을이 지고 있었습니다. 예쁜 노을을 볼 수 있어서 감사합니다. ⇒ 저녁 무렵 우리 가족은 바다를 갔습니다. 노을이 바다로 '풍덩' 떨어지고 있었습니다. 예쁜 노을을 볼 수 있어 감사합니다.

오늘 감사 글쓰기는 위의 예시처럼 생생하게 써 보면 어떨까요? 어렵지만 노력해 보세요. 우리 가족을 응원합니다. 감사합니다. 사랑합니다.

20○○년 ○월 ○일 우리 가족은 조각 글 작가 8회

여러분의 감사 글쓰기를 잘 읽어 보았어요. 우리 가족 모두를 칭찬합니다. 그 정성이 조금씩 쌓아지면 마음이 행복해지고, 글쓰기 솜씨도 늘어날 거예요.

오늘의 내용은 '간결하게 쓰는 것'입니다. 우선 아래의 예시 1과 예시 2를 살펴보세요. 어떤 차이점이 있을까요?

예시 1 : 엄마가 김치찌개를 끓여 주셨다. 김치찌개의 향기가 콧속으로 들어오고 입속에서 침이 고였다. 빨리 먹고 싶었다. 김치찌개를 만들어준 엄마에게 감사하다.

예시 2 : 엄마가 김치찌개를 끓여 주셨다. 김치찌개의 향기가 콧속으로 들어왔다. 입속에는 침이 고였다. 빨리 먹고 싶었다. 김치찌개를 만들어준 엄마에게 감사하다.

다른 점이 보이나요? 예시 2에서 '김치찌개의 향기가 콧속으로 들어오고 입속에서 침이 고였다'라는 문장을 2문장으로 나누었어요. 읽기 쉽게 하기 위함이에요. 읽기 편한 글이 잘 쓴 글이랍니다. 우리 가족을 응원합니다. 감사합니다. 사랑합니다.

20○○년 ○월 ○일 우리 가족은 조각 글 작가 9회

우리 가족의 감사 글쓰기를 읽어 보았어요. 정성스럽게 감사를 쓰려는 우리 가족의 마음이 보였어요. 따뜻함, 희망, 용기 등이 감사 글쓰기에 숨어 있었어요. 열심히 노력하는 우리 가족을 응원합니다.

오늘은 글쓰기 방법 중 '고치기'에 대해서 이야기해 볼까요? 우선 엄마의 글 쓰는 순서를 예로 들어 볼게요?

1. 감사, 글쓰기 등에 관한 아이디어를 메모장에 적는다.
2. 한글에 초고를 작성한다.
3. 하루가 지난 다음 원고를 수정해서 우리 가족 SNS에 올린다.

엄마는 글을 SNS에 바로 올리지 않아요. 한글로 작업을 한 후 수정한 다음 SNS에 올린답니다. 이러한 까닭이 무엇일까요? 글을 정교하게 다듬기 위함입니다. 하루가 지나고 어제 글을 보면 수정 사항이 보인답니다.

글을 잘 쓰기 위해서는 '고치기'가 중요합니다. 몇 번을 고치느냐에 따라 글의 질이 달라지겠죠. 이것이 글을 잘 쓰는 사람들의 비밀이랍니다. 우리 가족도 여러 번 고쳐서 감사 글쓰기를 해 보세요. 글 솜씨가 눈부시게 늘어갈 거예요. 우리 가족을 응원합니다. 감사합니다.

20○○년 ○월 ○일 우리 가족은 조각 글 작가 10회

감사 글쓰기를 6개 이상의 문장으로 표현하기는 무척 어려운 일이랍니다. 어려운 일에 도전하는 우리 가족의 모습이 자랑스럽습니다. 하나의 주제에 대하여 6개 이상의 문장으로 표현하는 것을 조각 글이라고 합니다. 여러 개의 조각 글이 모이면 하나의 글이 완성됩니다. 감사 글쓰기를 6개 이상의 문장으로 작성한다는 것은 조각 글을 연습하는 것입니다. 감사의 양도 키우고 글쓰기도 연습하는 것입니다.

하나의 주제에 대해 여러 개의 문장으로 잘 쓰기 위해서는 많이 써 보는 것이 유일한 방법이랍니다. 글을 그림이라고 생각해 보세요. 자신의 생각을 자세하게 그림으로 표현하면, 보는 사람이 그림의 의도를 알아낼 수 있습니다.

마찬가지로 주제를 살펴보고, 만져보면서 감사 글쓰기를 써보면 어떨까요? 우리 가족을 응원합니다.

20○○년 ○월 ○일 우리 가족은 조각 글 작가 11회

감사 글쓰기 하다 보면 감사 거리를 찾는 것이 힘들 때가 있습니다. 감사 글쓰기뿐만 아니라 모든 글쓰기가 그렇습니다. 머릿속이 텅 비어서 아무런 생각이 나지 않을 때가 있습니다.

생각이라는 것도 부화의 시간이 필요합니다. 알에서 병아리가 태어나는 것과 비슷합니다. 병아리가 태어나기 위해서는 어미 닭이

21일 동안 알을 품어야 합니다. 감사 거리도 마찬가지입니다. 어미 닭이 알을 품듯, 감사를 따뜻하게 품어주어야 합니다. 감사를 어떻게 품어 줄 수 있을까요? 엄마의 방법을 소개해 보겠습니다.

엄마의 방법은 걷기입니다. 오직 감사만을 생각하면서 천천히 걷습니다. 걷다 보면 감사 거리가 찾아지기 시작합니다. 꽃, 나무, 하늘, 이웃 등 자연과 사람에게 감사 거리가 주렁주렁 매달려 있습니다. 감사만을 생각하면서 천천히 걸어 보세요.

20○○년 ○월 ○일 우리 가족은 조각 글 작가 12회

오늘부터는 감정 이야기를 나누어 보겠습니다. 우리 집에서 어떤 산이 보이는지요? 우리 집 앞쪽에는 금당산이 있습니다. 좀 더 멀리 바라보면 우리 고장에서 가장 높은 무등산이 보입니다. 금당산에 올라가면 우리 마을과 옆 마을이 보입니다. 무등산에 올라가면 화순, 담양 등 저 멀리 떨어져 있는 이웃 고장도 바라볼 수 있습니다.

감정도 마찬가지입니다. 나의 마음에는 여러 개의 감정이 살고 있습니다. 그중에는 금당산만큼 작은 감정도 있고, 무등산만큼 큰 감정도 있습니다. 나의 감정에서 가장 큰 감정을 핵심 감정이라고 합니다. 사람들은 세상을 핵심 감정으로 바라봅니다. 만약 불평이 핵심 감정이면 세상을 불평으로, 감사가 핵심 감정이면

세상을 감사로 바라봅니다.

불평이 핵심 감정이면 어떻게 될까요? 세상 모든 일에서 불평거리를 찾게 됩니다. 사람들이 가지고 있는 나쁜 점만 눈에 들어옵니다. 나쁜 점만 보이므로 그 사람을 비난하게 됩니다. 반면에 감사가 핵심 감정이면 어떻게 될까요? 사람들이 가지고 있는 좋은 점만 눈에 들어옵니다. 당연히 그 사람을 칭찬하게 됩니다. 우리 가족은 어떤 사람이 되고 싶나요? 우리 가족을 응원합니다. 감사합니다. 사랑합니다.

20○○년 ○월 ○일 우리 가족은 조각 글 작가 13회

우리의 머릿속은 무엇으로 가득 차 있을까요? 여러 가지 생각입니다. 그중에서 걱정이 가장 많습니다. 친구가 나에게 실망하지 않을까? 혹시 감기에 걸리지 않을까? 등 걱정이 나타났다 사라지기를 반복합니다.

우리가 매일 걱정을 하면서 살아가는 이유는 무엇일까요? 현재나 미래에 나에게 일어날지 모르는 위험 요소를 줄이기 위해서입니다. 하지만 대부분 걱정은 현실에서 일어나지 않습니다. 걱정을 과하게 하다 보면 신체와 정신에 나쁜 영향을 주기도 합니다. 잠을 설치기도 하고, 어떤 일에 도전할 수 있는 용기를 빼앗아 가기도 합니다.

걱정을 줄이는 방법은 무엇일까요? 현재에 집중하는 것입니다. 과거, 미래보다는 현재에서 행복이 무엇인지 찾아보아야 합니다. 그것이 감사 글쓰기입니다. 지금 나에게 감사하는 것들을 찾다 보면, 걱정이라는 감정은 살며시 사라지게 됩니다. 감사하다 보면 걱정 대신 행복이 나의 몸과 마음을 지배하고 있습니다. 우리 가족이 감사 글쓰기를 쓰는 이유입니다. 우리 가족을 응원합니다. 감사합니다. 사랑합니다.

20○○년 ○월 ○일 우리 가족은 조각 글 작가 14회

우리 몸에는 여러 가지 감각이 있습니다. 시각, 청각, 미각, 후각 등이지요. 내 마음에 고운 감정을 기르고, 글도 잘 쓰기 위해서는 감각이 열려 있어야 합니다. 감각이 열려 있다는 것의 의미는 무엇일까요? 시인이 아름다운 시를 쓰기 위해서는 사물에 대한 세심한 관찰력이 필요합니다. 남들이 보지 못하는 것을 눈으로 볼 수 있어야 합니다. 귀로 들을 수 있어야 합니다.

감사 글쓰기도 마찬가지입니다. 감사에 대한 감각을 열려면 관찰력이 필요합니다. 사람, 동물, 자연에 대하여 집중하다 보면 감각이 열립니다. 내 주변 사람을 자세히 관찰하다 보면 보지 못했던 감사 거리가 숨어 있습니다. 그 내용을 글로 쓰면, 그 사람이 좋아집니다. 감사 글쓰기가 서로의 관계를 돈독하게 하는 끈으로

작용합니다.

자연을 조금만 자세히 들여다보아도 감사 거리를 찾을 수 있습니다. 오늘 불었던 바람, 밝게 비추는 햇살 등 자연에 대해 감사 내용을 찾다 보면 몸과 마음이 평온해집니다. 몸에서 따뜻한 기운이 만들어집니다. 자연은 몸과 마음을 치유해주는 선물입니다. 자연에 감사하며 살아가는 우리 가족이 되어보아요. 우리 가족을 응원합니다. 감사합니다. 사랑합니다.

20○○년 ○월 ○일 우리 가족은 조각 글 작가 15회

벌써 감사 글쓰기 15회가 되었습니다. 이쯤 되면 누구나 감사 거리를 찾기가 어려워집니다. 감사 거리를 찾는 것이 어려운 이유는 무엇일까요? 이것은 달리기와 비슷합니다. 달리기를 계속하다 보면 한계점을 만납니다. 숨이 헐떡거리고 더 이상 발걸음을 뗄 수 없습니다. '그만하자'고 외치기 시작합니다.

이때 우리는 어떻게 해야 할까요? 여기서 그만두어야 할까요? 한계점은 노력으로 극복할 수 있습니다. 조금 쉬었다가 달리기를 다시 시작해야 합니다. 감사도 마찬가지입니다. 지금 감사 거리를 찾기가 어렵다면 한계점에 도달한 것입니다. 감사 거리 찾기가 힘들수록 주변을 더 자세히 관찰해야 합니다. 사람, 자연을 좀 더 깊이 들여다보아야 합니다.

우리가 배우는 모든 일에는 한계점이 있습니다. 운동, 악기, 감사, 공부 등 처음에는 쉽게 배울 수 있습니다. 하지만 내용이 어려워지면서 한계점을 만나게 됩니다. 여기서 포기하는 사람과 그렇지 않은 사람으로 나누어집니다. 한계점을 돌파하기 위한 유일한 방법은 노력과 연습뿐입니다. 힘들지만 감사의 한계점을 이겨 내는 우리 가족이 되어 보아요. 우리 가족을 응원합니다. 감사합니다. 사랑합니다.

20○○년 ○월 ○일 우리 가족은 조각 글 작가 16회

요즘 많이 듣는 단어 중 하나가 '감성'입니다. 감성이 높은 사람이 친구도 많고 창의성도 높다고 합니다. 감성이 높은 사람의 특징은 무엇인가요? 부드럽고 따뜻함입니다. 그 사람 옆에 가면 나도 모르게 부드러운 사람이 되어 있습니다. 그 사람 곁에 오래 머물고 싶습니다. 이런 사람이 많아져야 사회도 더 행복해지겠지요
나의 감성을 높이기 위해서는 말과 행동을 부드럽게 해야 합니다. 아래는 엄마에게 보내온 친구들의 문자입니다.

A : 문자 보냈는데 왜 답장이 없니? 철수 전화번호 빨리 알려 주라.
B : 어제 문자를 보냈는데 답장이 없네. 요즘 정말 바쁜가 보다.

철수 전화번호가 필요한데, 알려줄 수 있을까?

어떤 사람이 감성이 높을까요? B라는 친구입니다. 나에 대한 배려가 잘 나타나 있습니다. 이런 친구의 문자를 받으면 기분이 좋아집니다. 우리 가족은 누구처럼 문자를 보내나요? 문자 하나라도 감성적으로 보내는 우리 가족이 되기를 바랍니다. 그런 우리 가족을 응원합니다. 감사합니다. 사랑합니다.

20○○년 ○월 ○일 우리 가족은 조각 글 작가 17회

아침에 눈을 뜨면 나의 머릿속에는 '생각'이라는 것이 작동합니다. 밥을 먹으면서도, 이를 닦으면서도 머릿속에 생각이 가득 들어 있습니다. 그 생각을 곰곰이 살펴보면 두 가지 특징이 있습니다. 그중 하나는 편안함 즐거움을 찾습니다. 라면을 보면 먹고 싶고, 침대를 보면 자고 싶습니다. 다음 특징은 걱정입니다. 편안함 즐거움을 찾으면서도 걱정을 한다는 것입니다. 라면을 먹으면 '살 찌는데'라고 걱정을 합니다. 나의 신체 감각은 편안함과 즐거움을 찾고, 그렇게 행동하면 안 되는 것을 나의 머릿속은 걱정합니다. 이런 걱정은 불안이 되어 나타납니다.

불안의 양이 줄어들면 행복의 양이 늘어납니다. 불안의 양을 줄이기 위해는 어떻게 해야 할까요? 실천을 높이는 것이 유일한

답입니다. 집에 수북이 쌓인 설거지를 보면 나의 신체 감각은 하기 싫습니다. 하지만 설거지를 하게 되면 나의 마음은 어떻게 됩니까? 어디선가 행복, 보람이라는 감정이 연기처럼 피어오릅니다. 우리 가족을 응원합니다. 감사합니다. 사랑합니다.

20○○년 ○월 ○일 우리 가족은 조각 글 작가 18회

사람들은 에너지라는 말을 자주 사용합니다. 식물의 에너지는 토양, 햇빛, 온도, 수분입니다. 그 에너지가 충분하면 식물은 잘 자랍니다. 사람의 에너지는 무엇인가요? 적당량의 음식입니다. 고기, 밥, 김치, 빵 등에서 에너지를 얻습니다. 이 에너지로 놀이, 축구, 공부 등을 할 수 있습니다. 이것을 신체적 에너지라 부릅니다.

사람에게는 신체적 에너지 외에 생각의 에너지도 있습니다. 그 에너지는 두 가지로 나눌 수 있습니다. 부정적 에너지와 긍정적 에너지입니다. 부정적 에너지에는 무엇이 있을까요? 불평, 불만입니다. 선생님에게 불평이 많으면 공부가 하기 싫습니다. 친구에게 불만이 많으면 싸우게 됩니다.

긍정적 에너지에는 무엇이 있을까요? '감사'입니다. 가족에게 감사하다 보면 화목한 가정이 됩니다. 선생님에게 감사하다 보면 공부가 즐거워집니다. 친구에게 감사하다 보면 관계가 좋아집니다. 내가 공부를 잘하기 위해서도, 가족과 친구의 사랑을 받기 위해

서도 감사해야 하는 이유입니다. 오늘도 감사의 양을 조금씩 늘려 가는 우리 가족을 소망합니다. 우리 가족을 응원합니다. 감사합니다. 사랑합니다.

20○○년 ○월 ○일 우리 가족은 조각 글 작가 19회

오늘 새벽은 유난히 어둡고 쌀쌀한 바람이 불었습니다. 우리 가족 아침 식사 준비를 해야 하는데, 침대에 더 누워있고 싶었습니다. 모든 것이 귀찮고 하기 싫은 날입니다. 우리 가족도 그런 날이 있었겠지요. 누구나 일찍 일어나기 싫은 날이 있습니다. 우리는 왜 이럴까요?

먼 옛날 우리 조상들의 생활 모습을 생각해 보았습니다. 지금처럼 전기도, 자동차도 없었습니다. 비가 오거나 새벽에 할 일이 없었을 것입니다. 동굴에서 휴식을 취하거나 잠을 잤을 것입니다. 이런 조상의 유전자를 우리는 물려받았습니다. 우리가 새벽에 일어나기 힘든 이유입니다.

엄마가 일찍 일어나기 위해서는 어떻게 해야 할까요? 목표라는 의지가 강해져야 합니다. 내가 아침 식사를 준비함으로써 가족이 행복해진다는 의지가 필요합니다. 그러면 저절로 침대를 박차고 일어날 수 있습니다. 우리 신체는 쉬고 싶고, 놀고 싶습니다. 이런 신체를 다스릴 수 있는 유일한 방법은 분명한 목표를 세워야 합

니다. 오늘도 하루의 목표를 구체적으로 세워서 지내보면 어떨까요? 우리 가족을 응원합니다. 감사합니다. 사랑합니다.

20○○년 ○월 ○일 우리 가족은 조각 글 작가 20회

오늘은 마음이 아름다운 사람에 대해서 생각해 봅니다. 살면서 가까이 다가서고 싶은 사람을 만나게 됩니다. 나에게 어떤 이익을 주지 않아도 그 사람을 보면 이야기를 나누고 싶습니다. 그 사람의 이야기를 오랫동안 듣고 싶습니다. 우리는 그런 사람을 '아름다운 사람'이라고 합니다.

엄마는 주위에서 이런 사람을 만나면 메모하려고 노력합니다. 어떤 성격을 가졌는지, 행동은 어떻게 하는지 살펴봅니다. 이런 사람의 가장 큰 특징 중 하나는 '듣기'입니다. 말을 하기보다는 잘 들어주는 사람입니다. 상대방의 이야기에 함께 웃어 주고 슬퍼해 줍니다.

다른 사람의 이야기를 잘 들어 주려면 어떻게 해야 할까요? 내가 넉넉한 마음을 가지고 있어야 합니다. 넉넉한 마음이란 상대방에 대한 감사의 양을 말합니다. 상대방에 대한 감사의 양이 커질수록 나의 마음은 넉넉해집니다. 나를 만나 주어서, 나의 이야기를 들어 주어서 감사하다고 생각해야 합니다. 우리 가족도 아름다운 사람이 되기를 소망합니다. 우리 가족을 응원합니다. 감사

합니다. 사랑합니다.

20○○년 ○월 ○일 우리 가족은 조각 글 작가 21회

오늘이 감사 글쓰기 마지막 날입니다. 우리 가족은 21일 전 감사를 시작해 자신, 가족, 친구, 이웃들의 감사할 점을 찾아보았습니다. 식물, 동물, 바람, 햇살, 별 등 자연에서도 감사할 점을 찾아보았습니다. 처음에는 감사할 일을 찾기가 쉽지 않았지만, 자세히 들여다보니 감사할 일이 너무 많음을 알 수 있었습니다.

감사 글쓰기를 진행하면서 글쓰기 능력도 향상되었습니다. 한 주제에 대해서 여러 문장으로 표현해 보았습니다. 사실 이 부분이 가장 어려웠을 것입니다. 하지만 노력만큼, 글쓰기도 잘하게 되었지요. 엄마가 많이 칭찬합니다.

감사 글쓰기를 쓰면서 가장 좋았던 점은 무엇인가요? 엄마는 가족을 더 깊이 이해할 수 있었습니다. 최선을 다하는 아빠의 마음을 알 수 있었습니다. 공부가 힘들지만, 노력하는 아들, 딸의 모습이 자랑스러웠습니다. 앞으로 더 행복한 우리 가정이 되기를 소망합니다. 우리 가족을 응원합니다. 감사합니다. 사랑합니다.

감사로 우리 가족
행복 디자인하는 법

이 책을 끝까지 읽어 주서서 감사합니다. 곧 당신의 가정에 기쁨
이 넘쳐나리라 생각합니다. 감사 SNS를 만들면 그 공간에 우리
가족의 감사가 가득 채워지겠지요.

저는 감정 디자인 방법을 찾아 이곳저곳을 뛰어다녔습니다. 아
이들, 학부모, 선생님과 감사를 나누고 익혔습니다. 그들은 감정
이 변화하고 있다고, 수줍은 표정으로 좋은 사람이 되어가고 있
다고 말해 주었습니다. 그런 행복을 당신과 나누고 싶습니다.

개구리 한 마리가 울면 똑같은 리듬에 맞춰서 모든 개구리가
울어댑니다. 처음 개구리의 사연도 모르고 나머지 개구리들이 따
라 우는 것이죠. 우리의 감정도 그렇습니다. 엄마가 불평을 시작
하면 아이도 따라 합니다. 엄마의 사연도 모르고 온 가족이 불평
합니다. 큰소리가 오고 가며, '욱'이 얼굴을 내밀기 시작합니다. 어

느 날 뒤를 돌아보면 '불행'이라는 그림자가 우리 집을 채우고 있습니다.

이렇듯 감사를 시작하면 아이도, 남편도 따라 합니다. 곧 가정에 웃음꽃이 가득해질 것입니다. 감사가 우리 가족 행복 영양제입니다. 우리 가족이 감사 글쓰기를 해야 하는 이유입니다.

우리 사회에는 나쁜 정보가 가득합니다. 스마트폰을 열면 '아동학대'라는 낱말이 고딕의 굵은 글자로 적혀 있습니다. 범죄자의 얼굴을 마주하는 순간 심장이 벌렁거립니다. 사회에 대해서 불평하고, 결국 우리는 모두 불평, 분노라는 합창을 하게 됩니다.

우리는 이런 합창을 매일 듣고 살아갑니다. 불편한 감정이 날마다 나타납니다. 어떤 날은 외롭고, 어떤 날은 가족이 밉습니다. 또 어떤 날은 회사에 출근하기 싫습니다. 특별한 사연이 없어도 그렇습니다. 이것은 뇌가 신체와 감정에 보내는 명령입니다. "위험한 상황이야. 빨리 화를 내!"라고 말하고 있습니다. 내가 '욱'하는 이유입니다.

감사 글쓰기를 시작하면 아이의 말, 미소 하나에도 감사가 보입니다. 지나가는 바람에도, 떠오르는 햇살에도 감사가 넘쳐날 것입니다. 뇌는 곧 "너는 안전해"라고 말하겠지요. 마침내 '욱'은 사라지고, 얼굴에 밝은 미소가 가득할 것입니다.

대한민국에서 학부모로 살아간다는 것은 무척 고단한 일입니다. 학부모의 뜻을 사전에서 찾아보면 '학생의 아버지나 어머니라는 뜻으로, 학생의 보호자를 이르는 말'이라고 적혀 있습니다. 주목해야 할 단어는 '보호자'입니다. 보호자는 당연히 아이를 보호하고 책임을 져야 합니다. 다만 한국 사회에서 살아가려면 보호자의 의무가 지나치게 많다는 것입니다. 아이가 초등학교 3학년이 되면 교육이라는 전투에서 치열하게 싸워야 합니다. 성적을 지키기 위해서 학원을 보내야 하고, 진로를 위해 정보를 모아야 합니다. 건강이나 안전 또한 잘 지켜야 합니다.

그렇게 10년이 지난 어느 날, 거울을 들여다보면 흰머리가 보이기 시작합니다. 어느새 눈가에는 주름이 잡혀있습니다. 나의 30, 40대가 어디론가 사라졌습니다. 보호자 역할을 잘하려고 열심히 노력하지만 힘듦이라는 그림자를 지울 수가 없습니다.

앞선 이야기는 대한민국 학부모라면 누구나 겪는 과정입니다. 아이가 좋은 대학에 가주면 좋겠지만, 불행스럽게 대부분의 아이는 그렇지 못합니다. 아이의 잘못이 아니며 학부모의 잘못도 아닙니다. 사회가 그렇게 형성되어 있을 뿐입니다.

이 글을 읽는 분은 대부분 유치원, 초등학교 학부모일 것입니다. 나의 삶은 위의 이야기와 다르리라 생각하겠지요. 아이를 어른으로 성장시킨 선배 학부모가 이 글을 읽으면 어떨까요? 아마 쓸쓸한 미소가 오랜 시간 머무를 것입니다. 난 왜 그렇게 살았을까? 눈물이 나겠지요. 학원비를 저축해서 돈이라도 모았으면 하고 후회도 하실 것입니다. 그러나 '감사'를 선택하면 긍정 에너지가 자라기 시작합니다. 그 에너지로 인해 가족의 표정이 달라지고, 매일 부드러운 대화가 오고 갈 것입니다.

글쓰기는 어떨까요? 글쓰기 핵심은 조각 글쓰기의 반복 훈련입니다. '감사 여행', '조각 글 작가'를 통해서 160개 이상의 조각 글을 작성했습니다. 피아노로 이야기하면 바이엘을 마친 것입니다. 우리 가족 모두 글쓰기에 대한 두려움이 사라집니다. 가족, 친구 관계가 달라지고, 자연스레 성적 향상도 이루어집니다.

다만 그 과정은 쉽지 않을 것입니다. 감사 글쓰기 능력을 키우기 위해서 노력하고, 21일 동안 조각 글 작가도 되어야 합니다. 조금 힘들고 지루할 수도 있습니다. 그래도 감사를 선택해 우리 가족의 행복을 디자인해 봅시다.

감사 글쓰기
연습장

이 자료는 감사 글쓰기에 도움을 드리고자 제작하였습니다.
우리 가족 감사 글쓰기 여행을 떠나기 전 꼭 실천해 주세요.
가족과 함께 하면 더욱 좋답니다.

감사 글쓰기 연습
1회

내 감정을 스스로 설계할 수 있을까요? 우리 집 거실에 빨간색 커튼을 달고 싶다면, 당연히 빨간색 커튼을 달면 됩니다. 감정도 마찬가지입니다. 아이에게 욱하고 후회할 것인지, 감사로 행복할 것인지 스스로 선택할 수 있습니다. 이것이 내 감정을 디자인하는 일입니다.

감사를 어떻게 선택할 수 있을까요? 내가 가진 감사의 개수가 달라지면 됩니다. 열대 과일처럼 감사가 주렁주렁 열려야 합니다. 아래의 감사 내용을 읽어 보세요.

• 아이가 현관문을 나섭니다. 예쁜 미소로 잘 다녀오겠다고 인사를 합니다. 우리 아이 밝게 자라 주어서 행복합니다. 예쁜 우리 '딸' 감사합니다.

• 오늘따라 카페의 커피 한 잔이 그립습니다. 집 근처 카페에 들렸습니다. 아메리카노 한 잔을 주문합니다. 오늘도 맛있는 커피와 함께 할 수 있어서 감사합니다.

• 커피잔을 들고 카페를 나왔습니다. 아침 햇살이 환하게 떠올랐습니다. 내 마음도 밝아집니다. 오늘 내 마음을 따뜻하게 일으켜준 '아침 햇살' 감사합니다.

감사 글쓰기 연습
2회

'감정 디자인'이란 감정 연결 모양을 바꾸는 일입니다. 그림 1을 보면 나의 감정에는 불평이 강화되어 있습니다. '감정 디자인'이란 그림 2에서 보이는 것처럼 불평이라는 정보의 연결을 끊어내고, 감사, 만족이라는 감정을 강화하는 작업입니다.

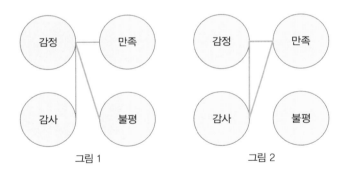

그림 1   그림 2

감사, 만족이라는 감정을 강화하려면 어떻게 해야 할까요? 보고, 듣는 것 중에서 감사와 관련된 것을 찾아 읽거나 쓰기만 하면 됩니다. 아래의 감사 글쓰기를 3번 반복해서 읽어 보세요.

- 어디서 날아왔을까요? 아파트 화단에 수선화가 보입니다. 봄이 되면 곧 예쁜 꽃을 보여 주겠지요. 우리를 찾아와 준 '수선화' 감사합니다.

- 오늘은 '토요일' 비가 내리고 있습니다. 빗물이 복잡한 생각들을 하나, 둘 씻어줍니다. 오늘 내리는 '봄비' 감사합니다.

- 가족을 향한 나의 마음을 요리도 알고 있는 것일까요? 오늘따라 갈비찜이 맛있게 만들어졌습니다. 가족을 사랑하는 나에게 감사합니다.

감사 글쓰기 연습
3회

나의 잔소리는 약일까요, 독일까요? 나는 약이라고 준 선물이지만, 아이에게는 '독'일 뿐입니다. 저학년 아이들은 엄마의 잔소리를 충고로 생각합니다. 하지만 고학년 아이들은 '비난'으로 간주합니다. 잔소리를 들은 아이들의 뇌에서는 이렇게 생각합니다.

"엄마가 나를 싫어하는구나!"
"나는 쓸모없는 인간이야."

나의 잔소리를 줄이기 위해서 어떻게 해야 할까요? 감사가 커지기 시작하면 잔소리가 줄어듭니다. 감사가 잔소리 해열제입니다. 지금부터는 감사가 커지는 방법을 연습하여 볼까요? 빈칸에 어울리는 문장을 상상해 보세요.

• 현관문을 열고 아이가 들어옵니다. _____
 친구와 잘 지내는 아이에게 감사합니다.

- 장미가 예쁘게 피었습니다. _____

 이런 예쁜 향기를 전해 준 '장미' 감사합니다.

감사 글쓰기 연습
4회

아이가 3학년이 되면서 나는 팥쥐 엄마가 되었습니다. 1, 2학년 시절의 콩쥐 엄마 모습은 어디론가 사라져 버렸습니다. 우리 아이는 콩쥐 엄마로 돌아와 달라고 이야기합니다. 나도 그러고 싶습니다. 어떻게 해야 할까요? 어느 순간 커져 버린 욕심의 크기를 줄여야 합니다. 감사의 크기가 커지면 욕심 주머니는 작아집니다. 감사의 첫 번째는 나에게 감사입니다. 아래의 빈칸을 한 문장으로 상상해 보세요.

• 감사의 첫 번째 대상은 나입니다. _____
  이렇게 중요한 사실을 깨달은 나에게 감사합니다.

• 나는 원래 콩쥐 엄마였습니다. _____
  다시 콩쥐 엄마로 돌아가려는 나에게 감사합니다.

감사 글쓰기 연습
5회

우리의 내면에는 이타적 자아가 존재합니다. 가족, 이웃들과 협력하고 소통하는 자아입니다. 그런 이타적 자아는 감사를 먹고 자랍니다. 감사에서 가장 중요한 것은 '나'입니다. 나를 사랑하는 사람이 다른 사람을 사랑할 수 있듯이, 감사도 그렇습니다. 나의 내면과 행동을 들여다보세요. 자신의 좋은 점을 찾아서 감사로 표현해 보세요.

아래의 빈칸을 한 문장으로 상상하거나 작성해 볼까요? 상상이나 노트 정리를 잘하는 친구가 공부도 잘합니다. 감정도 마찬가지입니다. 감사를 정리하게 되면 긍정적 감정이 쑥쑥 자란답니다.

- 오늘 아침에 된장국을 끓였습니다. _____
  가족을 사랑하는 나의 마음에 감사합니다.

- 아이에게 잔소리를 많이 했습니다. _____
  이런 결심을 하게 된 나에게 감사합니다.

감사 글쓰기 연습
6회

미래의 내 모습에 감사해 볼까요? '말이 씨가 된다'는 속담이 있습니다. 특별한 뜻 없이 한 말도 때에 따라서는 상상하지 못한 결과를 가져올 수 있습니다. 우연히 운동장에서 쓰레기를 줍고 있는 아이를 발견했습니다. 아이에게 다가가 "넌 커서 훌륭한 사람이 될 거야"라고 칭찬을 해준 적이 있습니다.

이후 이 아이의 행동에는 많은 변화가 있었다는 것을 담임 선생님에게 들을 수 있었습니다. 우리 어른들도 마찬가지입니다. 미래 내 모습에 감사하면 말이 씨가 될 수 있습니다. 말이 예쁜 꽃이 되며 풍성한 열매가 됩니다. 아래 예시처럼 미래 나의 행동을 들여다보고, 나에게 감사해 보세요. 아래의 빈칸을 한 문장으로 상상하거나 완성해 보세요.

_____ 책을 읽고 요약을 해서 블로그에 올리고 있습니다. 앞으로 더 많은 책을 읽는 내 멋진 모습에 미리 감사합니다.

_____ 들꽃들이 여기저기서 고개를 내밀고 있었습니다. 코를 가까이 대고 향기를 맡아 봅니다. 이런 예쁜 들꽃을 좋아하는 나에게 감사합니다.

감사 글쓰기 연습
7회

내 주변의 사람들에게 '감사하자'라는 생각은 '무엇을 아는지'에 해당합니다. '감사하자'라는 생각이 행동으로 옮겨지지 않는 이유는 기저핵에 저장되지 않았기 때문입니다. 기저핵에 저장이 되었을 때, '감사하자'라는 생각이 행동으로 나타날 수 있습니다. 기저핵에 저장하기 위해서는 스키를 배우는 것처럼 연습하고 또 연습해야 합니다.

'감사'에 대한 연습은 어떻게 해야 할까요? 사람들의 내면과 행동을 관찰하고 감사 거리를 찾아내야 합니다. 그 감사 거리를 글로 표현해야 합니다. 아래 예시처럼 우리 아이의 학교생활 모습을 들여다보고, 아래의 빈칸을 한 문장으로 상상하거나 완성해 보세요.

땀과 먼지로 흠뻑 젖었습니다. _____

친구들과 신나게 축구를 했다고 합니다. 운동을 좋아하는 우리 아들에게 감사합니다.

친구들과 사이가 좋지 않은가 봅니다. _____

"학교는 가야지" 딸에게 부탁했습니다. 엄마의 말을 잘 들어 주는

딸에게 감사합니다.

감사 글쓰기 연습
8회

내가 사랑하는 아이에게 '욱'하는 이유는 기저핵에 습관으로 형성되어 있기 때문입니다. 아이의 바람직하지 못한 행동(신호)이 나의 감각 기관으로 들어오는 순간, 기저핵에서는 '욱'이라는 감정을 실행하라는 명령을 내립니다.

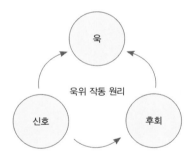

만약 아이의 바람직하지 못한 행동(신호)을 보고 '감사'라는 실행 명령을 기저핵이 내린다면 어떻게 될까요? 당연히 '감사'하게 됩니다. 좀 더 부드러운 목소리로 아이를 타이를 수 있습니다. 그러기 위해서는 감사를 연습해야 합니다. 아래의 빈칸을 한 문장으로 상상하거나 완성해 보세요.

아이가 게임을 하고 있습니다. 벌써 한 시간이 지났습니다.
오늘은 스트레스가 많은가 봅니다. _____

아이가 책을 읽고 있습니다. 벌써 한 시간이 지났습니다.
역시 멋진 우리 집 보물입니다. _____

감사 글쓰기 연습
9회

사랑하는 내 아이에게 '욱'의 횟수를 줄이고 싶나요? 기저핵에 '감사'라는 새로운 습관을 만들어야 합니다. 아이의 바람직하지 못한 행동을 보았을 때, 기저핵에서 '욱' 대신 '감사'라는 명령을 실행해야 합니다. 그러기 위해서는 감사가 생존의 보호막이 되어야 합니다. 우리 조상들이 욱으로 자신의 생명을 보호했다면, 오늘을 살아가는 우리는 감사로 생존보호막을 만들어야 합니다.

감사에 대해 매일 생각하고 기록하면 그것이 가능합니다. 감사에 대해 수없이 생각하고 적다 보면 우리의 뇌는 '감사하지 않으면 생명이 위험하다'고 판단합니다. 기저핵에 감사가 습관으로 만들어지는 순간입니다. 아래의 예시처럼 우리 아이의 모습에서, 감사를 하나 찾아보세요. 그리고 3문장으로 상상하거나 완성해 보세요.

- 아이가 책을 읽고 있습니다. 벌써 한 시간이 지났습니다. 과학 도서만 좋아해서 조금 걱정은 되지만, 이런 우리 아이가 자랑스럽습니다. 나의 아들로 태어나 주어서 감사합니다.

감사 글쓰기 연습
10 회

벌써 감정 디자인 10회가 되었습니다. 이쯤 되면 감사의 효과에 대해서 조금씩 느끼기 시작합니다. 조금만 더 노력하면 '욱'이라는 감정을 감사로 디자인할 수 있을 것입니다. 지금부터는 부모님, 남편, 친구 등 주위 분들에게 감사를 표현해 보도록 하겠습니다.

부부 사이를 개선하기를 원하십니까? 매일 배우자의 감사할 점을 찾아 기록해 보세요. 그 기록의 양만큼 사랑이 늘어납니다. 아래의 예시처럼 남편, 아내의 모습에서 감사를 1개 떠올려 보세요. 그리고 3문장으로 표현해 보세요.

• 요즘 부쩍 남편의 퇴근 시간이 늦어지고 있습니다. 회사 일도 바쁘지만, 친구들의 모임이 늘어나고 있습니다. 그래도 가족을 위해 최선을 다하는 우리 남편 사랑하고 감사합니다.

감사 글쓰기 연습장

감사 글쓰기 연습
11회

만족스러운 결혼 생활을 하는 부부는 어떤 특징을 가지고 있을까요? 심리학자 케빈 리먼 박사의 견해에 따르면 아내가 남편에게 원하는 것 1위는 '애정'이었습니다. 아내들은 남편으로부터 '사랑받고 있다는 느낌'이 가장 중요했습니다. 남편들의 경우는 어땠을까요? 남편이 아내에게 원하는 것 1위는 '인정'이었습니다.

자신을 인정하고 존중해주는 것을 남편들은 중요하게 생각합니다. 어떻게 해야 할까요? 남편, 아내의 내면과 행동에서 감사 거리를 찾아보면 됩니다. 그 감사 거리를 남편, 아내에게 표현하면 됩니다. 아래의 예시처럼 남편이나 아내의 모습에서 감사 1개를 찾아 기록해 보세요.

- 우리 남편의 가장 큰 장점은 듬직함입니다. 묵묵히 회사의 일을 잘해내며, 집에서도 가사를 돕기 위하여 노력하고 있습니다. 듬직한 나의 남편에게 감사합니다.

감사 글쓰기 연습
12 회

아이들의 표정을 관찰해 봅니다. 표정에는 밝음, 보통, 흐림이 적혀져 있습니다. 대개 표정이 밝은 아이 뒤에는 행복한 부모가 숨어 있습니다. 그 부모의 얼굴을 보면 아이의 표정과 비슷합니다. 오랜 시간 동안 학교에서 근무하며 얻은 진실이 하나 있습니다. 아이 성장의 가장 큰 열쇠는 부부 관계라는 것입니다.

행복한 부모 아래에서 행복한 아이가 자라고, 불행한 부모 아래에서 불행한 아이가 자랍니다. 자식의 행복을 바란다면, 부부 관계를 개선해야 합니다. 그 개선의 출발점은 '감사'입니다. 서로에게 감사의 양을 늘리면 부부 관계가 개선됩니다. 아래의 예시처럼 아내, 남편의 모습에서 감사 1개를 찾아 기록해 보세요.

• 아내의 관심사는 아이와 남편입니다. 아이와 남편의 행복을 위해서 최선을 다하는 멋진 아내입니다. 이런 사람이 내 아내라 감사합니다.

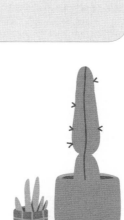

감사 글쓰기 연습
13회

지금까지 나, 아이, 남편에 대한 감사 거리를 찾아보았습니다. 이제 우리 이웃으로 확대해 볼까요? 이웃 중에서 가장 먼저 떠오르는 사람은 누구인가요? 아이 담임 선생님이 떠오르면 좋겠습니다. 오랜 교직 생활 경험으로 엄마가 선생님을 좋아하면 아이도 그렇게 됩니다.

'노력하는 사람은 좋아하는 사람을 이길 수 없다'는 말이 있습니다. 공부도 잘하고 행복한 아이로 성장하기 위해서 담임 선생님을 좋아해야 합니다. 감사하다 보면 선생님이 좋아집니다. 아래의 예시처럼 담임 선생님 모습에서, 감사 1개를 찾아 기록해 보세요.

- 우리 아이 담임 선생님은 ○○○선생님이십니다. 아이들에게 다정하게 대해 주려고 노력하십니다. 이런 선생님을 만날 수 있어서 감사합니다.

감사 글쓰기 연습
14 회

제가 교사일 때, 아이들이 예쁘다 보면 머리를 살짝 쓰다듬어 줄 때가 있었습니다. 물론 요즘에는 그럴 수 없습니다. 성적수치심 등으로 오해가 생길 수 있습니다. 이런 터치를 받은 아이들은 대개 두 부류로 나누어집니다. 우선 이 행위를 사랑으로 여기는 아이들이 있습니다. 선생님이 자기를 좋아해서 머리를 살짝 만졌다고 생각합니다. 이 아이들은 선생님을 좋아하는 아이들입니다.

두 번째는 예뻐서 살짝 쓰다듬었는데, 주먹으로 때렸다고 생각하는 아이들입니다. 선생님을 싫어하는 아이들입니다. 선생님의 행동 하나에도 아이들의 해석이 이렇게 달라집니다. 배움 성장의 가장 중요한 조건은 선생님을 좋아하는 것입니다. 아이가 담임 선생님을 좋아하기 위해서는 엄마가 선생님을 좋아하면 됩니다. 아래의 예시처럼 담임 선생님 모습에서 감사 1개를 찾아 기록해 보세요.

• 우리 선생님은 아이에게 숙제를 많이 내주십니다. 꼼꼼하게 숙제
  검사도 하십니다. 이런 면이 부담도 됩니다. 하지만 우리 선생님을
  만나서 배움이 크게 성장하리라 생각합니다. 우리 담임 선생님 감
  사합니다.

감사 글쓰기 연습
15회

선생님들의 비밀을 알려 드릴까요? 누구나 공평한 선생님을 원하지만 그게 마음대로 되지 않습니다. 수업 중 선생님의 관심을 받는 두 부류의 아이들이 있습니다. 첫 번째는 과잉 행동 아이입니다. 주변을 소란스럽게 만들기 때문에 당연히 선생님의 눈빛과 마주합니다. 선생님의 눈빛에는 무엇이 담겨있을까요?

두 번째 부류는 '끄덕끄덕' 아이입니다. 선생님을 바라보는 아이의 눈빛에는 교사에 대한 사랑이 담겨있습니다. 교사의 말이 끝나면 고개를 끄덕여줍니다. 엄마가 선생님을 좋아하면 아이는 '끄덕끄덕'형이 됩니다. 아래의 예시처럼 담임 선생님 모습에서 감사 1개를 찾아 기록해 보세요.

• 오늘은 우리 아이가 선생님에게 꾸중을 받았습니다. 그냥 넘어갈 수 있었는데, 아이의 잘못된 행동을 교정해 주십니다. 이런 담임 선생님을 만날 수 있어서 감사합니다.

감사 글쓰기 연습
16회

지금까지 나, 아이, 남편, 선생님에 대한 감사 거리를 찾아보았습니다. 이 시간에는 감사 글쓰기를 쉽게 쓰는 방법을 찾아보겠습니다. 제가 학부모님과 감사 글쓰기를 쓰면서 가장 어려웠던 부분은 글쓰기 능력이었습니다. 글쓰기에 자신이 없어서 감사 글쓰기 작성에 참여를 포기하는 분들이 계셨습니다. 말로는 쉽게 감사를 표현할 수 있지만 글로 쓰는 것은 쉬운 일이 아닙니다.

말로 표현하는 '감사'도 중요하지만, 글로 쓰면 감사의 양은 더 늘어날 수 있습니다. 공책 정리를 잘하는 아이가 공부를 잘하는 원리와 같습니다. 글을 잘 쓰기 위해서는 중심 문장과 뒷받침 문장을 알아야 합니다. 중심 문장은 문단 안에서 중심이 되는 문장이고, 뒷받침 문장은 중심 문장을 설명하는 문장입니다.

예시

① 우리 아이 담임 선생님은 ○○○ 선생님이십니다. ② ○○○ 선생님은 따뜻한 마음씨를 가지고 있습니다. ③ 아이들과 학부모에게 무

척 친절하십니다. 이런 선생님을 만나 행복하고 감사합니다.

위의 예시에서 중심 문장은 ①이고, ②, ③은 뒷받침 문장입니다. 중심 문장과 뒷받침 문장에 감사를 연결하면 감사 글쓰기가 됩니다. 위의 예시처럼 여러분도 중심 문장과 뒷받침 문장을 사용하여 감사 글쓰기를 적어 보세요.

감사 글쓰기 연습
17회

아래 학부모의 문자를 살펴보면서 감성에 대해서 알아볼까요?

A 엄마 : 선생님, 어제 문자를 드렸는데 답이 없으시네요. 체험학
습 보고서는 어디에서 찾아야 하나요? 답장해 주시기 바
랍니다.

B 엄마 : 안녕하세요. 선생님의 노고에 감사 드립니다. 요즘 정말 바
쁘시죠. 어제 문자를 드렸는데 답장이 늦으신 것 같습니다.
바쁘시더라도 체험학습 보고서를 어디에서 찾아야 하는지
알려 주시겠습니까? 아이가 여행을 빨리 가자고 조르네요.

B와 같은 엄마를 감성이 풍부한 사람이라고 합니다. 감성은 감정이
곱게 걸러진 상태입니다. 마치 모래에서 체로 자갈을 걸러내는 것과
비슷합니다. 자연에서 감사 거리를 찾다 보면 B 엄마처럼 감성이 풍
부한 사람이 될 수 있습니다. 아래의 예시처럼 동물, 식물 등 자연의
모습에서 감사 1개를 찾아 적어보세요.

• 오늘 화분에 할미꽃을 심었습니다. 할미꽃이 예쁘게 잘 성장하길 소망합니다. 그 꽃을 보며 나와 아이의 마음이 좀 더 예뻐지기를 소망합니다. 할미꽃! 잘 자라 주세요. 감사합니다.

감사 글쓰기 연습
18회

감성이 높은 사람은 감정을 긍정적으로 다루는 능력이 뛰어납니다. 그들은 지금 벌어지고 있는 상황에 대해 발생하는 감정을 긍정적, 심미적으로 처리합니다. 이 사람들은 '욱'이라는 감정을 용서로 표현하며, '실망'이라는 감정 대신에 용기를 심어줍니다. 이 사람들의 이야기를 들어보면 공통점이 몇 가지 있습니다.

그중 하나가 꽃을 좋아한다는 것입니다. 꽃을 좋아해서 감성이 높은 사람이 되었을까요? 아니면 감성이 높아서 꽃을 좋아할까요? 그 답은 명확하지 않지만, 꽃을 좋아하면 누구나 감성이 높아집니다. 꽃을 어떻게 하면 좋아할 수 있을까요? 아니 사랑할 수 있을까요? 꽃을 자세히 관찰하고 감사를 연결해 보세요. 아래의 예시처럼 꽃을 살펴보고 감사 1개를 찾아 적어 보세요.

- 논두렁에서 배추꽃을 보았습니다. 생김새가 유채꽃과 비슷하였습니다. 꽃잎 하나를 입에 넣어 보았습니다. 달콤한 향기가 온몸을 적십니다. 배추꽃! 감사합니다.

감사 글쓰기 연습
19회

꽃에서만 감사를 찾을 수 있는 것은 아닙니다. 하늘과 바람과 별에서도 감사를 찾을 수 있습니다. 모든 자연이 감사의 대상입니다. 자연과 생명을 사랑하는 사람의 마음을 생태적 감수성이라 합니다. 우리 아이들은 꽃, 나무, 바람, 하늘, 별을 사랑해야 합니다. 아니, 사랑할 수 있어야 합니다.

그 길만이 지금 학교 현장에서 벌어지는 자살, 폭력, 따돌림 등의 문제를 해결할 수 있습니다. 그러기 위해서는 엄마의 감성이 높아야 합니다. 엄마의 감성 수치만큼 자녀도 성장합니다. 아래의 예시처럼 자연에서 감사 1개를 찾아 적어 보세요.

- 봄바람이 불어옵니다. 지쳐있던 내 몸으로 봄바람이 들어옵니다. 힘을 잃었던 내 몸의 근육세포들이 꿈틀거립니다. 봄바람이 나의 생명력을 높여줍니다. 봄바람 감사합니다.

감사 글쓰기 연습장

감사 글쓰기 연습
20 회

나와 우리 가족의 감정을 디자인하기 위해서는 조건이 하나 필요합니다. 바로 나의 글쓰기 능력을 높이는 일입니다. 물론 글쓰기 능력을 단기간에 높이는 일은 어렵습니다. 다만 감사 글쓰기를 반복하다 보면 자연스럽게 글쓰기 능력도 향상됩니다. 오늘은 감사일지를 보다 잘 쓰는 방법을 알아보겠습니다.

글쓰기는 문장, 문단, 글로 구성되어 있습니다. 몇 개의 문장이 모여서 문단을 이루고, 문단이 모여서 하나의 글이 완성됩니다. 글쓰기를 잘하기 위해서는 하나의 문장을 간결하게 쓸 수 있어야 합니다. 하나의 문장 속에 하나의 내용만 담아야 합니다. 이것이 글쓰기의 첫 번째 원칙입니다.

친구 중에 철수가 있는데, 초등학교 4학년 때부터 친구이며, 힘들 때 생각나는 사람입니다. 오늘은 그 친구가 보고 싶고, 그 친구에게 감사합니다.

앞의 글에서 첫 번째 문장에는 내용이 3가지, 두 번째 문장에는 내용이 2가지가 들어있습니다. 읽기 어렵습니다. 아래의 글처럼 하나의 문장에 하나의 내용으로 구성하면 읽기가 쉬워집니다.

나의 친구 중에 철수가 있습니다. 초등학교 4학년 때 만난 친구입니다. 힘들면 가장 생각나는 친구입니다. 오늘은 그 친구가 무척 보고 싶습니다. 그 친구에게 감사합니다.

여러분도 하나의 문장에 하나의 내용을 넣어서 감사 글쓰기 1개를 만들어 보세요.

감사 글쓰기 연습
21회

하나의 문장에 하나의 내용을 쓰는 것이 글쓰기의 핵심입니다. 가족과 함께 감사 글쓰기를 하면서 엄마가 이 원칙을 지켜주면 가족의 글쓰기 능력은 몰라보게 향상될 것입니다. 이 원칙을 지키면서, 앞뒤의 내용이 자연스럽게 연결이 된다면 더욱 좋은 문장이 될 것입니다. 아래는 어느 어머니의 감사 글쓰기입니다. 앞뒤 내용이 어색한 문장을 찾아보세요.

<u>예문</u>

오늘은 어버이날, 부모님 집에 내려갔습니다. 찾아뵙지 못한 지 꽤 오래되었습니다. 부모님이 반갑게 맞이해 주셨습니다. 예쁜 꽃과 함께 돈 봉투도 드렸습니다. 강아지도 반갑다고 짖고 있었습니다. 건강하게 계시는 부모님께 감사합니다.

이 문단의 주제는 '부모님 찾아뵙기'입니다. 주제에 벗어난 이야기는 무엇인가요? '강아지도 반갑다고 짖고 있었습니다'겠지요. 한 문장은 하나의 내용으로 구성됩니다. 마찬가지로 한 문단은 하나의 주제로 구성해야 합니다. 한 주제에서 벗어나지 않도록 감사 글쓰기 1개를 아래에 작성해 보세요.

욱하는 엄마의 감정 수업

초판 1쇄 발행 2022년 6월 22일

지은이 한성범
펴낸이 박영미
펴낸곳 포르체

편 집 임혜원, 이태은
마케팅 이광연, 김태희

출판신고 2020년 7월 20일 제2020-000103호
전 화 02-6083-0128 | **팩 스** 02-6008-0126
이메일 porchetogo@gmail.com
페이스북 www.facebook.com/porchebook
인스타그램 www.instagram.com/porche_book

ⓒ 한성범(저작권자와 맺은 특약에 따라 검인을 생략합니다.)
ISBN 979-11-91393-83-5 13590

여러분의 소중한 원고를 보내주세요.
porchetogo@gmail.com